巧手装扮我家

巧手装扮我家

时尚家居设计的创意小技巧

[美] 格蕾斯·邦尼 著

陆君使 译

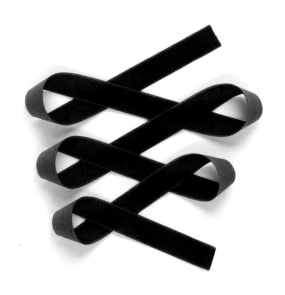

上海人民美術出版社

致本书的所有读者：

我衷心希望这本书能够同样带给你们这些年来

在网站上分享的乐趣、灵感和激情。

目录

乔纳森·阿德勒

格蕾斯·邦妮（Grace Bonney）在开始她的博客的时候只是个初出茅庐的年轻人，她还没有意识到她的这一步是多么大胆，多么令人生畏，她创造了一个虚拟社区，聚集了一大批酷爱设计的人群，他们凭借丰富的想象和不倦的努力，转变了他们生活的空间、他们身边的事物，改变了他们的生活。那时她也不知道她的博客在日后将会影响这么多人。"巧手装扮我家（Design * Sponge）"已经成为了我和整个设计圈的每日（其实是每小时）必读，改变了整个业界的风气。而它在影响整个设计圈的同时，仍然坚持着乐观进取的信念。

现在在你手上的这本著作，呈现了 400 页的小技巧、灵感和美感，精准地抓住了时代的风潮。它提醒我们设计只关于灵感，而非装腔作势。设计只关于自赋权利、自我表达和勇气。

我的经历和格蕾斯很相像。1993 年，我辞职了（好吧，其实是我被一连串的工作解雇了，很有可能再也找不到工作了），然后我开始制陶。我坚持着自己的理念，创作时尚、快乐的作品，希望在某一天能够一鸣惊人。那是段艰难的日子，我茫然不知所措而又孤立无助。光阴似箭，在这过去的18 年，我有过精彩的瞬间，也经历过低谷。这些经历都很有趣，但是如果在那时就有 Design * Sponge 引导我的话，我就可以少走很多弯路了。

当格蕾斯创设 Design * Sponge 时，她认为她只是在创建一个设计博客。然而她所做的远远不止如此，她是在开展一场革命。而现在这场革命有了指南。

格蕾斯·邦妮万岁！ Design * Sponge 万岁！革命万岁！

S 在我七年前点击屏幕上的出版按钮的时候，我并不知道我的人生将会怎样变化。我的博客 Design * Sponge 的创设目的是为了将像我一样热爱设计、想让自己的房间展现个性的人们联结起来。

我一直认为好的设计并不一定需要昂贵的支出或是专业学位。当我开始写博客的时候，我既没有财力也没有学位，只是快乐地谈论一些我喜欢的东西，比如经典的红色埃姆斯椅、迷人的法国架子，或是我在某次学生展览上偶遇的手工咖啡木桌。尽管一开始没有人回应我，我仍然十分激动，因为在这里我可以倾诉我对设计和装潢的热爱。而这样可以让我稍稍停下对时尚壁纸喋喋不休的疯狂举止。

时间证明，我不是一个人。几周过后，我的博客收到了评论和邮件，我觉得自己正在接触一群热爱设计的人，而我甚至都不知道他们的存在。我们开始在网上谈论那些我以前觉得只有我会喜欢的事物：电影中某个沙发上的美丽的纺织品，我爱吃的糖果的漂亮包装纸（如果将它的颜色搭配应用到房间的话，将会是何等的炫目？），老屋子中又宽又厚的木地板，这些都令我神往。渐渐地越来越多的人加入了这些对话，我们在这个网站上分享家具和涂料的心得，形成了一个互助圈，这里有新朋友的到来、新主意的产生和无限灵感的迸发。

现在，我每天早上醒来都会和读者们分享设计圈的消息和灵感，他们的人数之多可以坐满麦迪逊广场花园（如果我们能够每天像那样见面该会多么有趣！）。这正是我梦寐以求的工作。

我在弗吉尼亚海滩长大，父母一直鼓励我去尝试新事物。于是我迫不及待地离开了那里，前往纽约大学学习新闻学。作为一名大学新生，我向往着成为记者后的刺激生活，我会过上像《欲望都市》中的凯莉·布莱德肖（她的鞋子收藏量令人惊叹）的生活。

但是刚开始的那几年并不尽如人意，我对新闻界的憧憬幻灭了，我从未想过那里是如此的官僚主义，竞争是如此激烈。于是我回到了弗吉尼亚，进入威廉玛丽学院学习。尽管这里没有纽约多姿多彩的活动，但是这个转变使我得以了解自己。

因为我觉得英语系不适合我，所以我参加了一间艺术工作室，在那里我学会了版画复制术，还学习了艺术史。在课间，我会回到寝室，坐在沙发上观看我最喜欢的电视节目——学习频道的交换空间（Trading Spaces）节目。一开始，这只是为了舒缓压力。但是不久以后，我发现自己不仅喜欢上了装饰寝室，还经常向教授们询问关于室内和家居设计历史的问题。

幸运的是，我遇到了一位非常好的教授——伊丽莎白·皮克（Elizabeth Peak）。她向我推荐了很多关于家居设计、装饰、产品设计的书籍。她特别向我介绍了几位女设计家的作品，比如雷伊·伊姆斯（Ray Eames）、弗洛伦斯·诺尔（Florence Knoll），从她们身上我获得了无数灵感。毕业后，我回到纽约，在一家公关公司担任数家家具公司和设计公司的代表。

一天，我正在和我当时的男友艾伦（我现在的丈夫，Design Sponge 的合伙人）吃饭。在我就室内配色和我对它的热爱侃侃而谈的时候——大家都知道我经常那样——艾伦想到了一个主意："嘿，你有没有想过写一个关于设计的博客呢？也许将来你在向杂志社求职的时候，可以把它当作写作样本。"几个小时的热烈讨论后，我就在 blogger.com 建立了我的第一个博客。

我给它取名为 Design * Sponge，因为我就像一块海绵一样，永不满足地吸收学习着每一个设计作品的细节。很快，我就开始写第一篇博文了。

刚开始的几个月，我的博客没有很多讨论。这是因为当时的设计博客很少，读者群也没有现在的规模。但是我毫不在意，因为我在博客上可以抒发自己对设计的热爱，而且我所记录的设计都是面向大众、不涉及预算的，而这些正是当时所有设计杂志和室内装潢杂志所欠缺的。

我早期的大多数博文的取材集中于附近的布鲁克林。下班后，我会带上数码相机，寻找富有设计感的商店和学生展览，然后写成博文。布鲁克林的创意一角正在迅速增加，它们新颖的创意，加上大众的兴趣，为 Design * Sponge 带来了第一批读者。

出乎意料的是，越来越多的读者前来寻找设计灵感，那些灵感不仅超乎想象而且能够清晰地表达他们的需求。不仅如此，他们还想了解那些设计背后的人——那些逐渐成为网站主角的住宅和产品的设计者。随着网站规模的扩大，我逐渐意识到我无法一个人支撑它——除非我不打算睡觉。2007 年，建立博客三年以后，我重新设计了这个网站，并且雇佣了第一批编辑。我增加了DIY 部分，比如字母组合的野营地毯，用回收酒瓶制作的烛台。由于我喜欢上了食物和烹饪，我又添加了一个部分，专门介绍我喜爱的设计者的菜谱。在这些的基础上，网站开始了正常发展。又有新的编辑加入，负责室内设计、设计历史、花卉设计、庭院设计部分。因为我

认为好的设计应该分享，不论它位于哪里，不论近如布鲁克林，还是远如新西兰的奥克兰，所以我都附上了地图。2008 年的经济危机时，所有人都在缩减支出，于是我增加了价廉物美部分，所有产品价格都低于 100 美元。于是有一天，我突然发现这个从我个人博客起步的网站已经变成了我想要阅读、想要为之工作的设计杂志了。

尽管网络十分便捷，但有些东西是无法简单地从网络上复制下来的，比如我心中评判、挑选设计的标准。许多读者要求我编纂一本合集，这样他们就可以在下雨天翻翻家居设计或是试试 DIY 项目。这本书把我们在网上曾经体验到激情、灵感和动力变成了铅字。这本书的第一部分"窥视"了我至今遇到的设计最为绝妙的住宅，这也是我最喜欢的消遣之一。不论是伦敦的现代公寓，还是洛杉矶的上世纪中期的牧屋，灵感不分形式，不论大小，不限风格。这些房间中的设计理念都是读者可以自己实践的。除了那些装饰和整修的小技巧外，你还可以从这本书中了解那些经典设计背后的故事，比如切斯特菲尔德牌（Chesterfield，英国）长沙发，Hudson's Bay牌（美国）毛毯。读完这部分后，你就会知道细颈大瓶和荷兰式大门，错视画和多利士椅是什么了。

在设计你的梦想之家时，只有灵感与知识还不够，所以第二部分我们要卷起袖子开始实干了。这部分介绍了编辑们和读者们设计或实践过的 DIY 项目（你甚至会看到我花了一个下午制作的床头板）。下一部分，我会展示一些绝佳的前后大变样，这也是 Design * Sponge 最受欢迎的板块之一。我会分享让破旧的二手化妆台焕然一新的心得，教你将阴暗的厨房改装得现代时尚、赏心悦目。

正是因为网站编辑们的辛勤努力和忠实读者的大力支持，这本书才得以问世。"汲取设计"的读者们是网络上最有创造力、最有想法、最有热情的一批人。我希望这本书能够为他们以及所有热爱设计的人的房间带来灵感和特色。

——格蕾斯·邦妮，Design * Sponge 的创建者

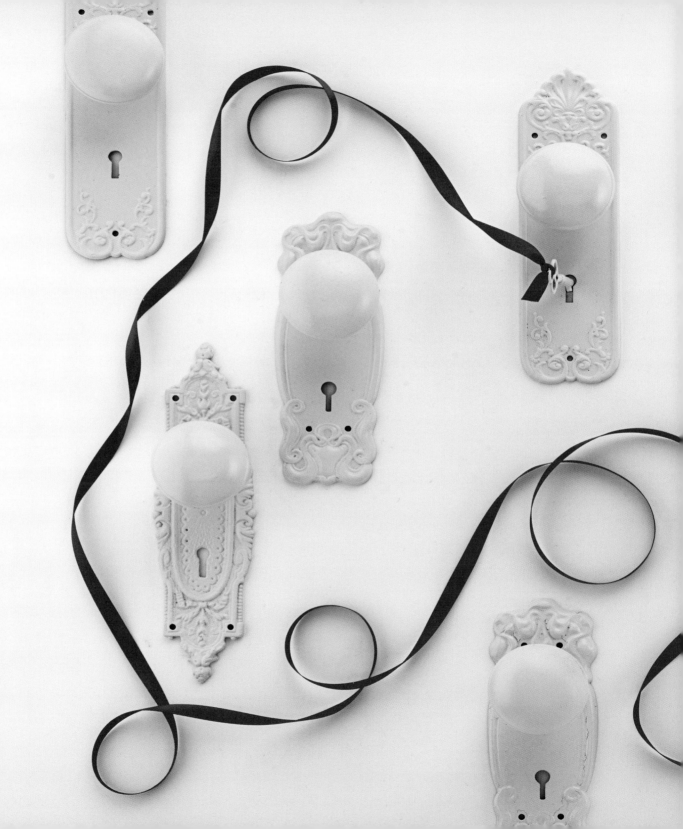

匆匆一瞥

刚开始写博客时，我记录的是那些给我灵感、令我惊奇的事物，比如罗南·波罗雷克和厄文·波罗雷克（Ronan and Erwan Bouroullec）兄弟设计的方瓶，帝沃力牌（美国）收音机将复古和现代风格结合得如此之好。不久以后，我开始邀请读者们"窥视"了艾米·茹贝尔（Amy Ruppel）的家，她是我最喜爱的设计师之一，她家位于俄勒冈的波特兰市。尽管记事只附了一张照片（拍的是门厅的一张桌子），读者们却非常激动，要求我附上更多内部的细节。之后的几个星期，数百个读者建议我将住宅作为Design * Sponge 的特色板块。于是我们的第一个专栏就这样诞生了，取名为"匆匆一瞥"。

我总是本能地受到房屋的吸引，无论是墙壁美妙的颜色，布料的精巧混搭，还是家具的巧妙摆放，都让我忍不住妄想要立刻搬入。我和板块编辑艾米·阿扎里多（Amy Azzarito）及安·迪梅尔（Anne Ditmeyer）在挑选房屋的时候，寻找的是一种能让读者感同身受的无形力量，希望能够激励他们对自己的房屋做出改变。我坚信灵感不论形式、无论大小，于是我们对灵感的追求带领我们找到了大小不一的住宅，有些不足 500 平方英尺，有些远远超过了 5000 平方英尺。通过"匆匆一瞥"这一部分，我们希望能够展现设计师的创造力，他们将空间布置得充满个人趣味，他们之中有人把卧室涂成了彩虹，还有人将一座新英格兰教堂改装成了自己的家和艺术工作室。

我们希望这些住宅也能体现你的诉求，同时鼓励你尝试一些新事物，或是重新审视自己的房间。与此同时，我还穿插了一些设计史、室内设计技巧和贴士。另外，Design * Sponge 的贡献者莎拉·莱哈嫩（Sarah Ryhanen），来自布鲁克林的花艺零售店 Saipua，以这些房间为灵感创作了一些花艺，并且简单介绍了如何制作它们。我希望这部分可以像网站上的板块一样，帮助你将房间——无论大小——变得赏心悦目而又个性十足。

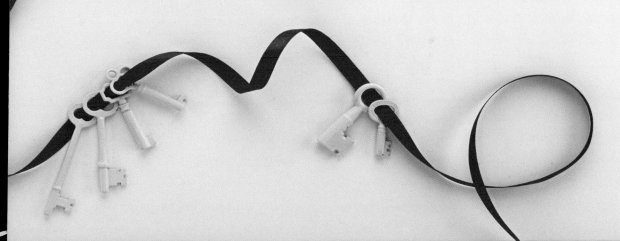

Anthropologie 牌（美国）的红白沙发椅为明亮的客厅增添了一抹亮色。

珍妮芙祖母的钢琴凳平时用作小桌子，在聚会时用作椅子。

I 我一直是室内设计师珍妮芙·高登的仰慕者。正是她设计的苔藓墙壁——当时她在学习频道的交换空间节目中担任室内装潢师——启发了我进入室内和家具设计领域。珍妮芙还主持了几档关于住宅和装潢的节目，在亲爱的珍妮芙节目中，她会为来信观众解决设计问题；在小镇新貌节目中，她为小镇商店和公司的重建提供了许多建议。现在她和丈夫、女儿同住在一栋时尚的排屋中，紧邻纽约的切尔西区。出生于中西部地区的明尼苏达州的她将当地学校和房屋的古典元素糅合到了现在的家中。

从缅因州的一家渔具店淘到的抽屉柜在客厅里获得了新生。

<<< 旧物可以迅速增加空间的年代感和特色。楼下浴室的房门来自于明尼苏达州的一所公立学校，鱼鳞纹瓷砖则是曼哈顿公司 Kaleidoscope Tile 的商品。

曼哈顿没有很多室外空间，因此珍妮芙在阳台上安置了一个带棉质帆布顶篷的木制沙发床，使它成为了城市中的一处绿洲。

古董和旧货商店

珍妮芙·高登喜欢在这种地方寻找经典和古董家具。

Architectural Antiques
明尼苏达州，明尼阿波利斯市
www.archantiques.com

Material Culture
宾夕法尼亚州，费城
www.materialculture.com

Portland Architectural
缅因州，波特兰
www.portlandsalvage.com

Olde Good Things
纽约州，纽约
www.oldgoodthings.com

Liz's Antique Hardware
加利福尼亚州，洛杉矶
www.lahardware.com

挂在墙上的不仅仅是壁画和照片。

珍妮芙在当地商店找到了一根怪枝，把它挂在了女儿的卧室里，作为自然雕饰。

楼梯边的墙壁是尝试摆设倾斜式照片墙的绝佳场所。

创造整体感的一点心得

使用颜色相似的框架来增强截然不同的作品之间的联系。如果你不喜欢一样的框架，那么请把作品按类摆放，让它们在色彩上相互联系。举例来说，如果你有一幅红色背景的绘画，那么在边上就放上有红色条纹的画，或是有其他红色元素的作品，这样就能把两者联结起来，从而获得流畅感。

<<< 女儿卧房的宽窄条纹的结合十分有趣。

<<< 摩洛哥床罩的精细花纹为主卧室带来一抹亮色。一幅醒目的照片为狭小空间增添了视觉趣味，但没有喧宾夺主。

珍妮芙家充满了意想不到的细节，其中之一就是这个明尼苏达公立学校的门把和铁门，它成为了一个话题，邀请访客谈论了解这个对她的童年有深刻影响的地方。

这个家为我们展示了工业化家具是如何与温暖的木制家具巧妙搭配的。

柚木桌配上铁皮椅，加上旧式金属罩灯，让用餐区域变得独具一格。

K李英金，时装品牌美德威尔（Madewell）的首席设计师，与她的丈夫丹·佩尔纳、她的孩子伊莎贝拉和马尔科住在一间布鲁克林的明亮的住宅里。他们改造了一个吉他工厂，将两套房间合并成一个更大的空间以供家庭居住，同时也成为一间家庭设计工作室。远眺着曼哈顿的城市轮廓，家中的良好采光为屋子的工业化结构带来一抹温暖。

利用楼梯边闲置的过道布置书房。这组书架是由宜家的平板重组而成。地上随意摆放了几块手绣日式靛蓝毯子，而非大地毯。

便宜的书架

丹和李的书房很好地展示了如何用标尺让普通的材料显得更加高端，并为空间增添特色。如果你的房间有一整面墙的空间来支撑书架，考虑一下使用"L"形支架，你可以在大多数五金商店买到，放上一些切割好的旧木板即可。试试将"L"形支架与墙面刷成同一颜色，以获得"悬浮"效果。

丹和李的工作室展现了夫妻共同的审美趣味。他们都钟爱传统工艺，比如刺绣和手工艺品。他们同时也收集实用工具。工作室二楼还摆满了古董书房用品、家具、美德威尔主打的牛仔裤。

孩子的喜好和需求变化得很快，或许你不想在他们的玩具上花费太多。丹用旧纸板箱制作了这个桌子。他甚至利用了纸板里的皱纹作为装饰。孩子可以在黑板墙上任意涂鸦，自由地装点他们的房间。

客厅的深灰色墙面可能是一个冒险的尝试。但是如果搭配上正确的家具后，深色墙面可以丰富房间的层次感。

来自 eBay 网站的木质矮柜让墙面的色调显得更加温暖。李让毫不起眼的装饰物变得别具一格，折叠帆布椅上放置着方格羊毛毯，另一边的吹制玻璃花瓶中摆着几枝棉花，它们来自李最喜欢的花店——Sprout Home(美国)。

Sprout Home 创建者塔拉·黑贝尔（Tara Heibel）的家详见第 102 页。

一张黑色的大木桌为罗西·奥尼尔粉红色的餐厅增添了力度和厚重感。地上铺着一张从 eBay 上淘来的中古摩洛哥婚毯，又带来了一抹柔和。

摩洛哥婚毯
〜〜〜〜〜〜〜〜〜

这些毛茸茸的，装饰着小金属片的毯子，又称 handira，对北非的柏柏尔人有非常重要的象征意义，在他们婚礼上必不可缺。未婚妻和她的家人要花上数月编织这张羊毛毯，将数千片小金属"镜子"一针针地缝上去。他们相信婚毯完成以后具有辟邪的作用，能够为婚姻带来好运、提供庇护。

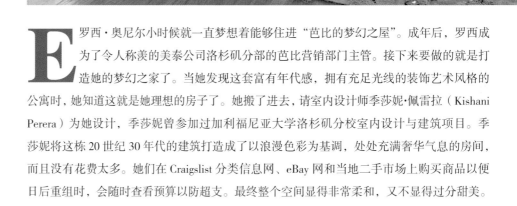

E 罗西·奥尼尔小时候就一直梦想着能够住进"芭比的梦幻之屋"。成年后，罗西成为了令人称羡的美泰公司洛杉矶分部的芭比营销部门主管。接下来要做的就是打造她的梦幻之家了。当她发现这套富有年代感，拥有充足光线的装饰艺术风格的公寓时，她知道这就是她理想的房子了。她搬了进去，请室内设计师季莎妮·佩雷拉（Kishani Perera）为她设计，季莎妮曾参加过加利福尼亚大学洛杉矶分校室内设计与建筑项目。季莎妮将这栋 20 世纪 30 年代的建筑打造成了以浪漫色彩为基调，处处充满奢华气息的房间，而且没有花费太多。她们在 Craigslist 分类信息网、eBay 网和当地二手市场上购买商品以便日后重组时，会随时查看预算以防超支。最终整个空间显得非常柔和，又不显得过分甜美。

罗西一开始觉得斑马纹地毯太过张扬，不希望把它布置在自己的客厅里。

季莎妮向她保证它与浅灰色的墙壁和蓝灰色丝绒沙发会非常相衬。现在这个地毯是罗西最喜欢的客厅装饰。

为了美化原来的绿黑相间的瓷砖，季莎妮为浴室装饰了并不昂贵的珠帘和烛台，这些都是她在当地二手市场发现的，然后又把它们重新漆黑美化了。

知道罗西喜欢紫色后，季莎妮在卧室里运用了两种色调，上半部分是匹兹堡牌涂料的深紫色（Pittsburgh Paint's Admiral），下半部分是拉尔夫劳伦公司的酒店房间色（Ralph Lauren's Hotel Room），让卧室既具有少女的轻盈，又平添了一份女人味。

照料室内植物

〜〜〜〜〜

妮科莱特与我们分享了一些关于室内绿化的心得：

*挑选适合室内光线的植物：*尽管当光线很少时，增加光源可以帮助植物生长，但是在挑选时仍应考虑实际的光线情况和照顾植物的精力。

*制定时间表并且定时浇水：*每个周末确定用来清洁、浇水、补充给养的时间。想要给浴室增加一点绿色？试试蕨类植物吧。它们会因你早晨淋浴的湿气茁壮生长。

*肥料和水同等重要：*种下植物前事先查找它们适合的肥料。如果你喜欢天然肥料，蛋壳汁是一个绝佳的选择。将使用过的蛋壳保存到20个，用1加仑的水煮5分钟，然后浸泡至少8个小时，之后你可以把它倒入罐子中，存放在厨房水槽下方或是车库里。把这蛋壳汁当作预先做好的肥料加入营养表里。

刷上本杰明摩尔涂漆的绣球花色（Benjamin Moore's Hydrangea）的淡蓝墙面给妮科莱特都市风的卧室带来了闲静的氛围。矮床和旧木箱做的矮床头柜让整个房间显得更高。

F 花艺师妮科莱特·卡米尔·欧文将她对自然的热爱带到了家里。因为纽约的工作十分繁忙，她选择了一组蓝色作为房间的基调，舒缓紧张的生活。这些房间如此协调地联系在一起，就像一片平和的天空，因妮科莱特随意摆放的美妙饰物而趣味盎然。

妮科莱特从不买新家具。她经常搜寻二手市场和打折商品，然后和祖传家具搭配组合。这不仅是一种非常经济的装饰方式，而且能够适应妮科莱特多变的风格，因为这些既不昂贵又不珍奇的家具非常适合重新涂刷、重做款式。

◄◄ 占据一整面墙的嵌板中展示着妮科莱特收集的天空照片。

◄◄ 开放式储藏容易显得杂乱。妮科莱特巧妙地用条纹帘子掩盖了水槽下方的空间。

自然元素的装饰包括了这组摆在客厅沙发床上方的爱德华·劳（Edward Lowe）的蕨类图片。

自制植物标本的方法详见第192页。

功能性家具可以充满趣味。

在皮·杰·梅海菲和迪兰·海陶尔的布鲁克林的客厅中，陈旧的寄物柜用来存放光盘、磁带，一个在旧货商店淘到的矮柜现在成为了电视机柜。

P 著名艺术家皮·杰·梅海菲与他的伴侣迪兰·海陶尔都非常擅长让旧家具重获新生。他们位于布鲁克林的展望高地的家既保留了各自的个性，又诠释了两人共同的情趣。皮·杰把他们的家描述成一个"有趣的实验室"，在这里没有运用任何一条特定的设计准则，但是所有的事物却又和谐统一，这是因为它们遵循了两人都欣赏的哲学：在你的周围摆上让你快乐的事物。

要将截然不同的事物协调地摆放在一起绝非易事。
皮·杰的方法是将从 West Elm 商店（美国）买来的小立方当作基座，上面陈设着他各式各样的旅行纪念品，整体效果令人称羡。下方的客厅沙发是皮·杰在街上找到的废弃品，他为它重新装上了布面。

无论是多么简单的收藏品，只要摆放得当都能变得非常美妙。在客厅一边，许多家具顶部高低不一地安放着两人收藏的旧地球仪。

客房中，老旧的牙医橱柜里放着一台电视机，让客人可以安置随身物品。Hable Construction 公司（美国）出品的彩色垫子为从跳骚市场买到的病床带来了一丝暖意。

皮·杰总能变废为宝。比如这张旧校长桌是他在老家对面的学校外面发现的。

上方挂着一块他用大画框改造的灵感画板，甚至连这个口香糖贩卖机也重获新生了：皮·杰把它改装成了一个鱼缸。

若是特别热爱某个主题，将它应用到几个房间可以获得绝佳的整体感。卧室中悬挂着的地球仪透露着皮·杰对地球仪的钟爱，房间用实惠的二手物品和现成家具装饰。墙面的上方特意留白，赋予天花板获得云雾般的轻盈感。

皮·杰和迪兰的厨房中有很多经济实惠的 DIY 产物。在 Craigslist 分类信息网上发现的微波炉柜仅要价 50 美元，它的顶部放置了砧板，可以起到双重功用：上方用来准备食物，下方用来存储食物。作为租客，他们不能更换地上陈旧的瓷砖。于是皮·杰用一块铺地布完全覆盖地板。现在地板显得干净而崭新。如果他们要搬走的话，可以直接将其卷走而不破坏原来的地砖。

⌃⌃ 平淡无奇的书架？再仔细看看！这些狭窄的壁架是由一对古旧的木质滑雪板改造而成的。

⌄⌄ 如果家里没有足够的储藏空间，你会怎么做？如果皮·杰是你的话，那么他就会把卧室边的一小处房间改造成时尚、实用的步入式衣帽间。使用通常作为摄影和零售商店装置的调节支架和夹钳，将它们与金属棒和杂货陈列架组合起来，皮·杰打造了一个完全量身定制的"衣橱"。你可以在摄影兼照相器材店或是亚马逊上找到这类支架。

⌄⌄ 一只在 eBay 发现的中古索引柜现在用作床头柜。抽屉中分类存放着乳液和眼镜。

装饰性铺地织物

漆布又称为铺地防潮布，是表面覆有油或颜料涂层的防水棉布，不过皮·杰和迪兰的铺地布的表层是聚氨酯漆。铺地布的历史很悠久。它们首次出现在 18 世纪的英国，富裕的屋主将它们铺在家中磨损厉害的地方，作为装饰性铺地织物。如果你想要重现这种景象，可以在网上，找到许多仍在销售铺地布的公司。你甚至可以订购一张空白的画布，设计自己独一无二的铺地布（*www.canvasworksfloorcloths.com*）。

这扇位于法国里昂的古典木门是旅居美籍企业家卡罗尔·妮莉的家门，这里住着她和两个女儿以及一条名叫黛西的狗。

C卡罗尔·妮莉过着所有倾心法国的人士梦寐以求的生活。她经营着一家如日中天的网络商店——Basic French，从法式咖啡碗到亚麻洗碗布，它的所有商品都是法国的。除了这些，她还在法国拥有两处漂亮的住宅，一套淳朴的乡间宅邸和这套位于里昂的时尚的都市公寓。卡罗尔被这套公寓的建筑风格和周围环境所吸引，它紧邻着一所10世纪的修道院。她和女儿哈里黛与艾比盖尔平时都住在这里。她使用了节制的、轻柔的颜色搭配，完美地衬托了她收藏的风格各异的古玩。

一个寻常的木质双层床被刷上了蓝绿色，缠绕着来自 Habitat 公司（英国）的一串精致的花灯，成为女儿卧室雅致的一角。

金属银的圆椅垫和古画等一些成熟的细节为房间增添了一丝细腻，而未影响房间的年轻活力。

‹‹‹ 温和而美妙的桃色突出了房间的建筑结构，比如图中的拱形壁龛，与此同时让整个空间显得温暖柔和。

桃色的卧室中，卡罗尔混搭了陈旧的白色亚麻，她非常喜欢它们带给房间的清新感。一张卡罗尔店里的手编毯子给床铺增加了一些质感。

花艺摆设的灵感来自于卡罗尔家中不同桃色的搭配。

在家重现这一芳香花艺的方法详见第 311 页。

毋庸置疑，卡罗尔是摆设方面的大师。在她的工作室的一角，海星雕塑边上搭配了伊莎贝拉·格兰杰（Isabelle Grange）的珊瑚画。

人物

亚当·西弗曼和
路易丝·波妮特
（Adam Silverman & Louise Bonnet）

〜〜〜〜〜〜

地点

加利福尼亚州，
洛杉矶

亚当·西弗曼和路易丝·波妮特在设计自己的家时进行了无畏的尝试。路易丝特别为餐厅设计了这面带着桃红色图案的白墙。护墙板刷成了黑色，与餐桌边的黑色的伊姆斯木椅（Eames，美国）相呼应。

制作自己的创意壁纸

〜〜〜〜〜〜

你也可以像路易丝为餐厅所做的一样设计自己的壁纸。寻找灵感时，你可以翻翻自己的照片，也可以试着自己构思图案。下面是一些自制创意壁纸时用得上的网络资源：

The Wallpaper Maker
www.thewallpapermaker.com

Design Your Wall
www.designyourwall.com

Atom Prints
www.atomprints.com/wallpaper-mural.html

T建筑专业出身的亚当·西弗曼放弃了建筑师的生涯，转而追求对陶器的热爱。现在他拥有自己的工作室——Atwater Pottery（美国），同时身兼声名远播的 Heath Ceramics 公司（美国）的合伙人和工作室总监。他与妻子——同样是艺术家的路易丝·波妮特，与他们的孩子——碧阿翠斯、夏洛特和普鲁登斯共同居住在洛杉矶，紧邻卢斯费利斯区，那里是好莱坞以北的丘陵地带，以上世纪中期建筑和丰富的夜生活闻名。亚当把这个家比作"一部大型的、破旧的老爷车，它有足够的空间搭载我们一家，又像是这个城市中的一个泳池让我们自由玩耍"。不论破旧与否，他们多姿多彩的家满溢着创意艺术品和家具。

狭长的房间的装饰会变得非常有挑战性。

亚当和路易丝把他们的客厅分成两个区域，分别用中古地毯定位。两个区域分别摆放了不同时代的家具，这样既有所区别，又有所联系。

<<< 有些人想把原有的多节松木嵌板涂刷掉或是拆掉，但是亚当决定把这些保留下来。消防车红的古旧办公桌，红蓝相间的地毯，巧妙摆放的各类杂物和艺术品提亮了原来单调沉闷的书房空间。

<<< 边界线不一定要用纸质的，也不必是直的。亚当和路易丝手绘了厨房的装饰边缘，与护墙板相映衬。

传奇的 20 世纪工业设计师雷蒙·洛伊威（Raymond Loewy）出品的橙红相间的柜子为巧克力棕色的墙壁增添了一抹亮色。橙鸟图案的坐垫由他们的朋友莎芭珍·卡尔莎（Satbhajan Khalsa）设计，灵感来自他们的婚礼邀请函，它被放在一张旧木椅上，在其之上是三个女儿的素描肖像画。

小户型从未如此时髦。

为了节省空间，米歇尔总是尽量使用多功能家具。当朋友和家人来做客的时候，Room and Board 公司（美国）的沙发床可以成为客床。

设计师米歇尔·亚当斯是环保布料品牌 Rubie Green（美国）的创建人，同时也是网络设计杂志 *Lonny* 的共同创办人。凭借对设计的敏锐眼光，她把这套 700 平方英尺的纽约公寓变得时尚现代、功能齐全，既可供家庭娱乐，也可招待亲朋好友。作为一名旅行爱好者，她喜欢收集纪念品，为她并不昂贵的装饰增加一些趣味。

米歇尔让这张床成为了这个狭小卧室的焦点。

她定制了床头板，请人装上了自己设计的布面。明亮的黄色用宜家的黑白地毯中和，它的横条纹让房间显得更宽一些。

给床头板装饰面的方法详见第264页。

▲ 实惠的宜家白色书架上摆满了米歇尔喜欢的书籍和配饰，她喜欢按照颜色主题陈列以得到装饰效果。一把红色竹椅装上了自己品牌的斑马纹坐垫，既不占很多空间，又为房间增添了鲜亮的色彩。透明的丙烯酸桌椅不仅物美价廉，还非常适合小空间，它可以增加很多表面空间，同时避免视觉的厚重感。

▼ 因为厨房空间紧张，米歇尔将一个 Pottery Barn 公司（美国）的黑色自助餐桌桌面用作吧台。尽管她很喜欢墙纸，但铺满整个房间还是花费不菲。于是，她选择将一小块 Phillip Jeffries 公司（美国）出品的海草壁纸贴在桌子后方，效果非常不错。

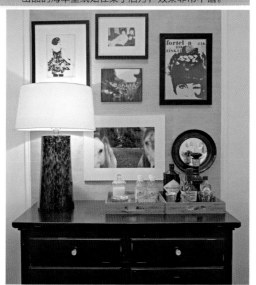

米歇尔喜欢用布遮盖小桌，这是她节省空间的方法之一。

这样你就可以利用桌子下方的储藏空间，避免视觉上的混乱。客厅里的装饰嵌板中陈列着几幅画作，其中包括了米尔顿·格拉塞（Milton Glaser）标志性的作品——我❤纽约。

人物

格蕾斯·邦妮
（Grace Bonney）

〜〜〜〜〜〜

地点

纽约市，布鲁克林

在卧室里，多数人会在寝具的颜色上下功夫，床头板则保持简单、中性。

然而有一个醒目的红色织物图案是我一直非常渴望尝试的，因此我使用这个图案自制床头板。这个大胆的尝试让视线集中到房间的墙壁，同时让我和丈夫夜晚在床头阅读时有一个柔软的支撑。

制作床头板的方法详见第 264 页。

I 我与丈夫艾伦一起生活，还养了两只猫：土耳其和杰克逊小姐。我对自己理想的家抱着很多幻想，确切地说，我希望自己有好几个家。我心中的都市女孩渴望住在一栋拥有后花园和喷泉的联排别墅里，而另一个乡村女孩向往着位于佐治亚州的乡间农家。而在现实中，我们的公寓位于布鲁克林的公园斜坡区，被我布置得温馨甜蜜。我们原来住在 500 平方英尺的工作室里，直到遇见了现在这个大约 900 平方英尺的家。我被它偌大的卧室和优越的地理位置深深吸引了，这里与这一地区的黄金地段、最好的餐厅和商店的距离仅有一两个街区之遥。也许我也是因此才能忽视这公寓的缺点，比如严重缺乏自然光线，另外整个房间倾斜了 10 度。

巧手装扮我家

我一直对红色情有独钟。我这些年收集了很多红色的小物件，比如沙发上方画作的红色图案，来自K Studio（美国）抱枕上的红色绣花，然而直到我买了这个怀旧马头灯之后，它们才真正地成为一个统一和谐的色彩主题。陈设小幅画作会很有挑战性，比如我经常在 Esty 网站上收集的那些。如果把它们分散地挂在墙上的话，就会显得杂乱，没有焦点；若是集中地摆放的话，效果就好多了。我给它们加上了宜家的画框，摆成了一面照片墙。

>>> 我的衣柜曾经杂乱不堪，尽是剥落的水泥和不相称的涂漆。没有修复墙壁也没有重刷油漆，我在墙上和柜门内贴上 Trustworth Studios（美国）出品的猫头鹰图的墙纸，以掩盖那些不尽人意的细节。我还为一个古旧的木制饮料盒加了脚轮，做成移动鞋箱。

▽ 我最喜欢的摆设方式之一是软硬质地的对比。这把保罗·麦柯布（Paul McCobb）设计的椅子是我在芝加哥的一家名叫 Scout 的店里买的。它的柚木靠背和金属骨架的鲜明轮廓被格子绒面柔化了，让我联想到伐木工人的汗衫。

红色可以为整个空间增添亮色。我们最喜欢的这幅字符画来自纽约设计工作室 Oddhero，于 2001 年出自葡萄牙设计师马力欧·费利恰诺（Mario Feliciano）之手，上面用 Morgen Tower 字体印着字母和数字，红色字母和几把红色的餐椅成为这间房间的点缀。

厨房空间十分有限，我安装了一个多孔挂物板，刷成橘红色，让它与墙壁相呼应，色号是本杰明摩尔涂漆的番茄汤色（Benjamin Moore's Tomato Soup）。

第 222 页详细介绍了如何制作厨房多孔挂锅板。

巧手装扮我家

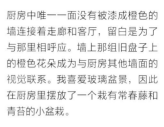

厨房中唯一一面没有被漆成橙色的墙连接着走廊和客厅，留白是为了与那里相呼应。墙上那组旧盘子上的橙色花朵成为与厨房其他墙面的视觉联系。我喜爱玻璃盆景，因此在厨房里摆放了一个栽有常春藤和青苔的小盆栽。

制作玻璃盆景的方法详见第246页。

<<< 改造一个普通的餐具架：我换掉了原来平凡无奇的塑料垫，换上了一个色彩缤纷的塑料托盘。若是我厌倦了这个图案，我随时可以把它换下，在聚会时仍可以当作上菜托盘。

▼▼▼ 我总是被椅子深深吸引。艾伦曾和我开玩笑说我给家里每个人配了四把椅子。我让 Chairloom 公司为这把古典椅子重新装上 Rubie Green 公司的布面。我喜欢它的现代锯齿纹和弯曲木头之间的对比。

我不希望厨房显得枯燥无味，我更喜欢将它看作客厅的延伸，为它添加许多个性化的小装饰。除了把它刷成橙色以外，我还增加了一些小细节，比如漂亮的橱柜拉手。我还在炉灶上方挂了一幅艺术家佐伊·伯莱克（Zoe Pawlak）的画作。我知道这很不寻常，特别是这些年来为了避免损坏它，每次烹饪的时候，也就是每隔一天，我都必须将它取下。但是我觉得为了厨房里有些许美丽的装饰，这是值得的。

人物

**科比特·马歇尔和
吉姆·德斯科维奇**
(Corbett Marshall & Jim Deskevich)

〜〜〜〜〜

地点

纽约州，卡茨基尔

卧室中，深蓝色的墙面因金黄的太阳雕饰、同色系的靠枕和其他装饰品获得了一些活力。

两个床头灯在式样和高度上十分相似，不过请再仔细看一下：它们还是有些许差别的。科比特·马歇尔评价道："我喜欢它们带给房间的对称感，却又不完全相同。"

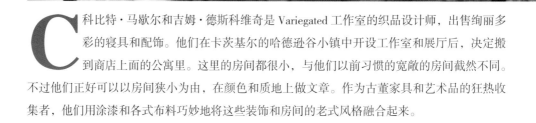

C科比特·马歇尔和吉姆·德斯科维奇是 Variegated 工作室的织品设计师，出售绚丽多彩的寝具和配饰。他们在卡茨基尔的哈德逊谷小镇中开设工作室和展厅后，决定搬到商店上面的公寓里。这里的房间都很小，与他们以前习惯的宽敞的房间截然不同。不过他们正好可以以房间狭小为由，在颜色和质地上做文章。作为古董家具和艺术品的狂热收集者，他们用涂漆和各式布料巧妙地将这些装饰和房间的老式风格融合起来。

作为厨房中实用而又不失趣味的一角，科比特和吉姆打造了这个横跨房间的架子。

他们在架子上摆满了一排排钟爱的陶瓷器皿，为这个实用空间带来色彩的点缀。

为了掩饰墙壁底部糟糕的嵌板，科比特和吉姆把它刷成内敛的深棕色，上部则漆成蓝绿色。他们给一块木板包上一层旧牛皮，再固定到咖啡桌脚上，这样就完成了眼前的这个小桌。

注意贯穿各个房间的色调之间的联系。客厅的金色与边上餐厅中的金棕色瓷器柜相得益彰。另外，就连橱柜里的架子都刷成了特别的珊瑚色，与柜子上的小猪装饰以及中古餐桌上的粉色桌旗相映衬。

在家中使用时装面料

作为织品设计师，科比特和吉姆深谙这一行的诀窍。他们喜欢用非室内设计专用布料装饰房间。从衬衫衣料到丝绒面料，他们使用时装面料来打造各式家具，包括定制寝具、窗边用具以及靠垫。衣物的布料和颜色无穷无尽，想象也永无止境。由于这些面料原本是用来穿在身上的，它们的质地非常柔软舒适。若想寻找有趣的时装面料和饰面布料，你可以到类似 Purl Soho（美国）(www.purlsoho.com) 和 Jo-Ann Fabrics and Crafts（美国）(www.joann.com) 的商店看看。

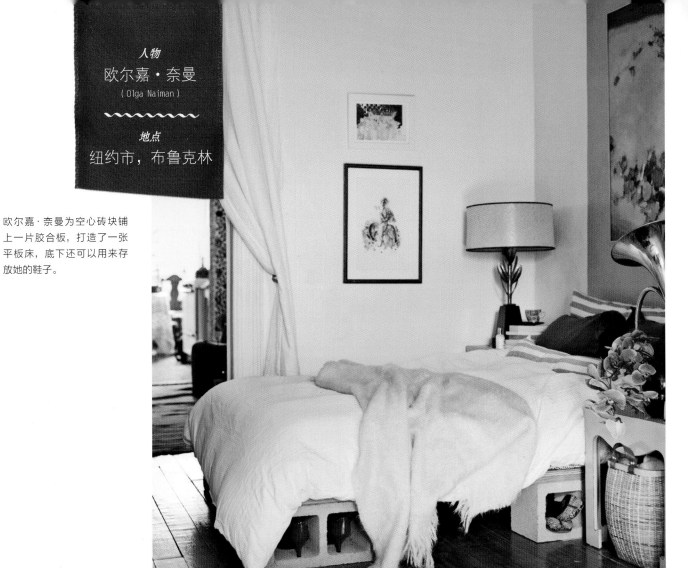

欧尔嘉·奈曼为空心砖块铺上一片胶合板，打造了一张平板床，底下还可以用来存放她的鞋子。

C在装修位于布鲁克林威廉斯堡地区的铁路式公寓时，艺术总监和著名设计师欧尔嘉·奈曼预算很紧。她家中的家具都是从二手市场和 eBay 网站上搜集或是在宜家廉价购买的。唯一称得上奢侈的只有一张 Madeline Weinrib 公司（美国）出品的地毯。"我希望将这些家具摆在一起时，它们能够成为精心布置的组合，而非毫无章法"，她说道。欧尔嘉拥有俄罗斯血统，她喜欢用祖传物品点缀自己的家，比如传统餐盘，还有上世纪 40 年代祖父母在俄罗斯拍的黑白合照。她非常喜爱房间高悬的天花板，再搭配以低矮的家具，以便更好地突显视觉效果。

厨房的天花板给了她试验一些特殊颜色的机会，还能制造视觉上的错觉。把天花板刷成天蓝色后，可以让视线不经意地向上转移，突显高挑的天花板。

欧尔嘉的家庭办公室是家中最大的房间，也是她的"创作之处"。这里是她的实验室，她在这儿尝试各式面料和颜色的组合。因为房间面朝大街，艳丽的粉红色窗帘很好地保护了主人的隐私，同时为房间增添了亮色，带来一抹戏剧性。中央的一块窗帘还遮住了只在酷暑之日使用的大型空调。

比起拆去原来的厨房，欧尔嘉决定保留它的复古橱柜和瓷砖，添加一些别出心裁的装饰。这个角落上方挂着一长条蕾丝花边，上世纪50年代风格的橱柜前部用黑色线条修饰美化。

涂料的魔力

欧尔嘉·奈曼给了我们一些用涂料美化房间的小建议：

*将一面墙刷成特别的颜色：*与这面醒目的墙一对比，房间中的任何事物，就连一个简单的白沙发或是挂画也会显得与众不同。

地板刷上清爽的颜色，显得干净利落。

*如果没有床头板的话，那就自己涂刷一个吧！*宽度正如你的床，既可以做得简单大方，也可以走华丽路线，随你喜好。欧尔嘉为她那胶合板和空心砖块搭成的床选择了金色，让人错以为床头板很高。

*打造一个别致的入口：*当你走进家门，你能看到多远？用涂料为最远的那面墙赋予个性。

文件柜是非常实惠的储藏工具，而且非常易于重新涂刷，以便匹配房间的色调。

这个柜子是欧尔嘉在 Craigslist 分类信息网上发现的，将它喷涂上苹果绿色后，放置在她的家庭办公室里，那同时也是她的日常起居室。柜子上摆着唐人街买到的鸟笼，边上的宜家花瓶出自荷兰设计师海拉·荣格里斯 (Hella Jongerius) 之手。它们极好地证明了别致的摆设并不意味着高价奢华。

时尚设计师瑞贝卡·泰勒对美丽图案毫无抵抗力，比如这个妮娜·坎贝尔（Nina Campbell）设计的甜美而精致的小鸟花样壁纸。

这也是她女儿的最爱之一，她们的卧室铺上了相映衬的时装品牌玛尼（Marni，意大利）出品的花卉地毯。

W 韦恩·帕特是 Good Shape Design 工作室（美国）的图案设计师，他和妻子——时尚设计师瑞贝卡·泰勒，以及他们的三个孩子——查理、伊莎贝尔和佐伊住在布鲁克林的一栋美丽的联排别墅中。韦恩和瑞贝卡都在创意领域工作，两人每天都被无数色彩和图案包围着。在家里他们希望让眼睛轻松一些，保持家具干净简洁，让别致的摆设更加出众。从女孩儿活泼的卧室中可以看出瑞贝卡对柔美色彩和图案的热爱，而韦恩对成对图形的钟爱则体现在家中的瓷砖地板中。

客厅刷成了淳朴的白色，以便衬托古董家具和他们收集的其他古旧家具。

他们选择了简单的木制百叶窗，而非窗帘，从而让视线集中到无与伦比的木制家具上。

经典的交错式墙砖让厨房显得干净利落，适合烹饪。与寻常的白色水泥浆相比，他们选择了与地砖相配的深灰色水泥浆。极高的储物柜充分地利用了天花板的高度，创造了足够的储藏空间，让厨房的台面得以保持整洁。

餐厅中摆放着极简主义的木桌和多利士椅，灰黑白三色相间的地砖图案为简约的餐厅带来了绝佳的装饰效果。餐桌上方挂着 Fornasetti 公司（意大利）的托盘，宛如一幅艺术品，与地板的黑白主题相呼应。

多利士椅

在法国，这种咖啡馆镀锌金属椅随处可见。在 20 世纪 30 年代，在设计师泽维尔·博洽德（Xavier Pauchard）完善镀锌工艺的过程中，即把一块金属片浸泡在锌液中以防止生锈的步骤中，这类金属椅出现了。由于极为轻便、易于堆叠、耐风雨的特性，金属椅立刻获得了成功，大量出现在咖啡馆、啤酒屋，甚至是法国远洋班轮 SS Normandie 上。多利士家具至今仍在博洽德的家乡——法国的欧坦生产。

这扇古旧的工业金属移门欢迎着前来拜访戴夫公寓的访客。这类旧仓库门和工厂门可以在eBay网或旧货商店买到。

D 近十年来，在纽约的布鲁克林的独立设计圈，戴夫·奥哈德夫一直是中流砥柱。自从2003年开业以来，他那位于威廉斯堡的商店——The Future Perfect(美国)已经成为了发现新锐设计师（包括当地学生）、欣赏先锋作品的地点之一。他的家自然也充满了大胆创新的设计。通过对色彩的娴熟运用和妙趣横生的装饰，他把原来的工业厂房改造成了一个美妙动人的居住空间。

切斯特菲尔德公司

人们对切斯特菲尔德的由来有些疑问：它的命名是来自英国德比郡的某个小镇还是来自第四位切斯特菲尔德伯爵 —— 菲利普·斯坦赫（Philip Stanhope），据传是他请人定制了第一个皮沙发。不论是哪一种来历，这种沙发都是英式舒适的典范，同时"完美呈现了兼容并蓄的美学，"戴夫评价道，"它既非常阳刚，同时又能让人感觉温暖舒适。不仅如此，搭配其他更加现代的家具后，它不仅能显得十分融洽，还能形成有趣的对比"。

觉得新旧搭配很棘手？看看专业人士如何做吧。戴夫的客厅中摆设着一个切斯特菲尔德牌古典长沙发、一把伊姆斯摇椅，还有一把 Redstr/Collective（美国）出品的新潮的"停下"系列的橡胶塞躺椅，这也是戴夫第一批陈设在店面里的设计师作品之一。

戴夫打破常规的另一处是在用餐区域的餐桌周围混搭了四把不同的椅子。悬挂在桌子上方的鹿角陶瓷吊灯出自另外一位 Future Perfect 的设计师杰森·米勒（Jason Miller）之手。

戴夫为他卧室挑选的泡泡糖般的粉红色调立刻为这个空间带来了温暖，同时将他的艺术品收藏、装饰品和床上的毛毯很好地联系了起来。尽管对男性卧室来说，粉红色是一个出乎意料的选择，但他说道："我把它刷上墙壁时没有丝毫犹豫。"这是因为先前他阅读到关于这个被称为贝克米勒粉红的色调的生理学研究，报告显示这个颜色可以舒缓紧张情绪，促进褪黑素产生，可以让人心情愉悦平静。

杰奎琳和乔治喜欢尝试将各种旧木材融入家庭装潢的方法。

这个 10 英尺长的餐桌由一棵樱桃树制成，它倒在他们位于密歇根的小屋附近。

另外，乔治还用一块旧刨花板打造了照片左侧的悬挂式抽屉。

T这对才华出众的夫妻是 Screech Owl Design 工作室（美国）的设计师，工作室专售现代文具和生活用品。他们居住在布鲁克林的格林波伊特，他们的公寓就像是一间在森林中的夏日小屋。装潢的灵感来自于他们在密歇根乡间的自驾游，而手工砍伐的粗凿质感则归功于乔治的木匠手艺。他们还养了两只猫：米斯特和平琪。这个公寓成为一处绿洲，让他们远离繁忙的城市生活。正如他们在 Screech Owl Design 使用的是再生纸，两人在家中也总是尽可能地使用再生的或是废弃的材料。

壁灯是增加床上方空间细节的好方法，还具有很强的实用性。床上的靠垫是用在巴黎的旧货市场发现的土耳其基里姆地毯做成的。

<<< 起居室的装饰很好地诠释了夫妻的设计原则：充分活用现有材料，再加上其他手工艺品。他们的室内设计方案包括现成家具的使用，比如房中的牛皮地毯，像落地灯和文件柜之类的旧货，还有一些当地艺术家创作的装饰品。

在翻新墙壁时，人们很少选择个性极强的材料，但是他们尝试了。乔治的木工工作室的墙上排着一块块在密歇根度假屋中发现的松木板。

在商店购买厨房餐厅一体式家具会花费不菲。因此他们另辟蹊径，在厨房用品商店买的金属炉灶上搁上一块来自俄亥俄州跳蚤市场的廉价砧板。

木材再利用

从木制墙板到木制家具，古旧木材能为房间带来鲜明的个性。你可以从大多数五金店或是家庭装修商店租来地板磨砂机，用以打磨粗糙的厚木板和旧木板，打磨时千万不要忘记戴上护目镜。完成之后，用湿毛巾将碎木屑清理干净，涂上颜料或是喷上涂料。之后就可以使用它们了。

设计师马可斯·海伊偏爱在小房间里使用圆桌，因为它们能使空间显得更加开放。这张由埃罗·沙里宁（Eero Saarinen）设计的经典的郁金香圆桌可以用来进餐、娱乐以及工作。

这个花卉摆设的灵感来源于厨房中亮丽的蓝色和桃红色调。

第 317 页详细介绍了如何制作这盆花艺。

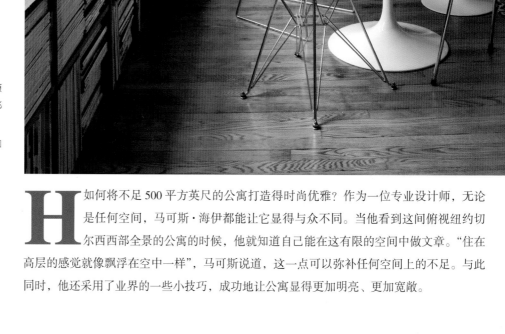

H如何将不足 500 平方英尺的公寓打造得时尚优雅？作为一位专业设计师，无论是任何空间，马可斯·海伊都能让它显得与众不同。当他看到这间俯视纽约切尔西西部全景的公寓的时候，他就知道自己能在这有限的空间中做文章。"住在高层的感觉就像飘浮在空中一样"，马可斯说道，这一点可以弥补任何空间上的不足。与此同时，他还采用了业界的一些小技巧，成功地让公寓显得更加明亮、更加宽敞。

桌子后面放置着一对沧桑的大门作为背景，以意想不到的方式增加了质地感和古旧的氛围。

近在咫尺的艺术品

资金不够，负担不起昂贵的艺术品？学学马可斯吧！他收集了很多简易画框，它们大小不一，但是基调相似，然后把它们摆放在一起。你会惊奇地发现，那么多事物可以看起来如此美妙：剪报、明信片，还有你收在抽屉里的旧照片。就连新照片都能显得很不错。这可以帮助你的印画收藏选择一个主题，比如黑白照片或是植物图片。马可斯也很喜欢厚画框，画框的上边缘可以用来放置小物件。

≫ 对于马可斯来说，即使是一个书柜也能提供更多陈列的空间，他在书籍前面的边缘上摆上一排雕塑。

≪≪≪ 墙壁被刷成浅奶黄，而非白色，这既是有趣的转变，又带来了一些轻盈感。Norman + Quaine 工作室（澳大利亚）出品的沙发是从马可斯的故乡澳大利亚海运来的，搭配着从本地跳蚤市场淘来的古旧咖啡桌。马可斯热衷于将跳蚤市场的旧货和高端家具摆放在一起，这样能避免房间的布局显得过于刻意。

床头柜的上方悬着一面镜子，让卧室显得更宽敞，同时为这个角落增加了一些光线。

床的上方摆着一个古旧的金属鱼雕饰。让马可斯回想起他在澳大利亚海边度过的童年时光。

人物
吉尔·罗伯森和
杰森·舒尔特
（Jill Robertson & Jason Schulte）

~~~~~~~~~

地点
加利福尼亚州，
旧金山

一架橡木梯子让夫妻两人可以接触到嵌入式储藏间的每个角落，同时为纯白的房间带来一丝古典韵味。

D 设计师吉尔·罗伯森和杰森·舒尔特在旧金山经营着一家名叫 Office 的创意设计、市场营销兼广告公司。尽管他们的审美倾向于现代，他们也十分欣赏旧金山著名经典的维多利亚建筑。发现这栋漂亮的维多利亚住宅后，他们按照自己的风格添加了现代化的装饰，但仍保留了房屋的良好结构。装潢后的空间既尊重了房屋的历史和特色，又展现了他们对当代简洁设计的热爱。

柔和的鳄梨绿色墙壁带出了吉尔和杰森的木床的温暖气息。

配套的床头柜延伸了床的横板，让房间显得更加宽敞。

<<< 大多数人想到浴室瓷砖时，会使用单色或是简单的双色条纹。然而杰森却别出心裁，挑选 Ann Sacks 公司（美国）的六边形瓷砖，亲手用白色和薄荷绿两色拼贴了这个小鸟和树枝的图案。

客厅的深灰色的墙壁成为夫妻两人的艺术品和家具的衬托背景。

经典的希腊回纹地毯为地板增添了一些图案装饰，并与埃菲尔椅和边上的画作的黑色相呼应。

阳光室内墙壁的浅灰色与深瓦灰色的海拉·荣格里斯沙发十分互补。抱枕和画作中清爽的蓝色色调成为视觉焦点。

他们是书本封面设计的爱好者，特别是出自艺术家迪克·布鲁纳（Dick Bruna）之手的。两人决定把一些他们最喜欢的设计陈列在这面墙上。他们使用的玻璃框罩可以展示任何立体的收藏。如果书本和玻璃面之间的空间太大的话，在书的后面插入硬纸板就可以定位了。

几乎在每间房间都能感受到他们对动物的钟爱。这些中古蝴蝶餐盘来自旧金山附近的阿拉梅达跳骚市场，为中性的厨房带来一些图案和色彩的点缀。

▼▼ 类似起居室中的长方形和正方形装饰嵌板可以给任何房间增添建筑结构上的装饰。在这里，这些白色的装饰因深色的墙壁对比而更加突显。斜靠在墙边的明信片以海盗为主题，是 Office 专门为瓦伦西亚路 826 号商店设计的，这家商店的创始人之一是戴夫·艾格斯（Dave Eggers），销售标新立异的"海盗商品"，并为一个儿童创意写作班提供资金。

装饰嵌板

可悲的是，以前我们还能在屋子里看到木制或塑料嵌板，而现在很多公寓楼和住宅都不再有这样的细节设计了。但是你可以自己重现这些装饰。在本地五金商店通常都能低价买到细板条，然后用它们摆出你想要的造型。你可以打造装饰嵌板，也可以做成护墙板——随你喜欢。接着把它们涂成白色，以便与背景的颜色形成反差，最后把它们钉到墙上即可。你还可以试试把嵌板中的墙壁刷成另一种颜色，为房间带来额外的趣味。

这个森林小屋外的漂亮的门牌号码令人出乎意料，而它的内部装潢也是别出心裁。

I 室内设计师杰尼弗·古德曼·索尔与她的丈夫本杰明（Benjamin）被这栋位于那什维尔的原木小屋散发出的暖意深深吸引。他们与孩子们一起住了进来，并进行了一些现代化的装潢。红色和粉红色提亮了木质墙壁，还为他们四口之家营造欢乐的氛围。

引人注目的枝形吊灯和其他亮红色装饰给予偌大的客厅一丝时尚、现代的气息。杰尼弗在房间的比例上做了些文章，她挑选了低矮的家具，让原本就已高高在上的木梁天屋顶看上去更加高挑。

<<< 沙发上方的旗鱼标本别出心裁，搭配以线条简洁的家具和与之相呼应的蓝色靠枕，既符合小屋的风格，又十分现代。

儿童房里的红色色调让木制墙壁显得温暖起来，同时也成为其他房间中红色的延伸。

这个桦木花艺的灵感来源于这个小木屋。

第 308 页详细介绍了如何制作这个容器和花艺。

如果空间十分珍贵，考虑一下做一个像这样的壁挂桌，它不仅解放了地面空间，还轻易地融入了房间的灰白色调。

墙上的桃红色壁挂其实是装裱起来的厨房用布，它和餐椅的黄色布面共同为灰白色调的阳光室带来一些亮色。

尽管这里的色彩搭配与客厅截然不同，但是这些红色和粉红色的细节把它们联系了起来。

主卧室沿用了成熟的灰色基调，各式白色雕饰与深色墙壁形成强烈对比。

明亮的粉红色与暗橙色再次与其他房间的同色装饰遥相呼应。

<<< 孩子们的卧室一侧的花纹壁纸来自设计师奥兰·凯利（Orla Kiely），把红色主题带到了楼上，为房间带来了生机。

<<< 物美价廉的纸灯罩悬挂在女儿露西的床上方，让视线上移，给屋顶增添一些缤纷色彩。

厨房内，精心设计的灰白色调延伸到了所有细小的地方，比如刷成灰色的柜子把手和白色的餐盘。杰尼弗以红色托盘把遍布在家中的这一活泼亮色带入厨房。中性的背景便于杰尼弗快速更换主题。只要她有兴致，她就会摆上一些多彩的洗碗布、餐盘，或是一张台面桌布，轻易地改变房间的外观和氛围。

整个客厅以灰蓝搭配为主基调。灰色天鹅绒沙发上方悬挂着艾米收集的海景画，让她回想起自己的故乡加利福尼亚州。

第 369 页详细介绍了她的沙发是如何改头换面的。

Design＊Sponge 的编辑艾米·阿扎里多与我们分享她位于近布鲁克林的威廉斯堡街区的公寓，同住的还有两只猫：洛基和弗雷娅。艾米最近获得了帕森设计学院（Parsons The New School for Design）的装饰艺术和设计历史硕士学位。她喜欢在跳骚市场和旧货商店搜寻廉价的古旧家具和摆设。

艾米把跳骚市场发现的机械工推车改作移动吧台，为这件旧货赋予新生，也为自己创造了一些新的储藏空间。

客厅中有很多关于艺术和设计的书籍，艾米把它们整齐地摆放在桌子下面，这样既可以装点房间，又可供访客翻阅。桌面上还放着一个从 eBay 网上淘到的旧鸟屋作为装饰。

艾米和朋友——纪录片制作人杰西卡·欧雷克（Jessica Oreck）共同制作了这个奇妙的蝴蝶玻璃罩，与客厅的灰蓝基调相呼应。

自制蝴蝶钟罩的方法详见第 270 页。

艾米的蝴蝶玻璃罩从任何角度看都显得无与伦比。蝴蝶的背面拥有丰富的茶色色调。

明亮的卧室因 Dwell Studio 公司（美国）的奶油色寝具获得丰富的图案点缀。

针绣骏马靠垫让她想起童年时对马的热爱。

巧手装扮我家

十分幸运，这套公寓拥有一个独特的瓷质浴缸。

为了突显浴缸的雕塑质感，边上的墙面被刷成了深蓝灰色。

旧式蜡烛吊灯和布艺座椅让整个空间更像是一间典雅的化妆室，而非位于都市的浴室。

> 柔软的皮沙发成为卧室中舒适的阅读一角。几个曾祖母传下来的手提箱被堆叠起来用作边桌。

<<< 为了凸显她钟爱的书本和小饰品，艾米把旧书架的内部涂上了明亮的嫩绿色。一排从各地沙滩收集来的沙子给上排书架带来一些趣味。

艾米别出心裁地把平凡的大门刷成了别致的深蓝色。她给无用的窥视孔装上了蓝金色的小镜子。门边的金属支架用来搁置各种邮件、钥匙和小饰品。

几面古旧的镜子和古典玻璃吊灯为明亮的客厅反射光线。

L 琳达·加德纳在她墨尔本的家庭家具商店——Empire Vintage 销售精美家具和装饰。琳达过着理想般的生活：在工作日，她住在这间雅致的附带中央庭院的都市宅邸中。到了双休日，她会在位于附近的村庄戴尔斯福特的乡间别墅里休息（见第 52 页）。墨尔本的家拥有空旷、轻快的氛围，让她得以舒缓都市生活带来的日复一日的压力。空旷的中央庭院、又宽又厚的木地板和充足的自然光线完美地衬托了美妙的古董家具。

卧室中的乳白色墙面让琳达可以尝试各式花纹样式，比如桃花图案的躺椅和床头板的蓝色面料。墙上挂着三面镜子，以反射中庭的自然光线。水晶吊灯上悬着一些古典的圣诞小装饰，带来了一些趣味。

琳达利用客厅的长度，将服装制造商的一张旧裁剪长桌作为餐桌。经过清洁、打磨、重漆成光亮的白色后，这张桌子现在左右各能放下六把椅子，非常适合派对和大型聚会。

琳达决定在卧室中安置一个古典浴缸，彰显个性。由于其他家具装饰十分洁白明亮，这个沉重的浴缸才能自然地融入整个房间，而不造成视觉上的负担。除了这个浴缸，房间四处还放着许多重装过饰面的旧椅子，为偌大而空旷的空间划出多个座椅区域。

琳达的陶器收藏是这个茶杯花艺的灵感来源。

第 314 页详细介绍了在家中重现这个花艺的方法。

琳达这些年来收集了许多色彩柔和的水杯、餐盘以及水瓶。摆放在一起以后，它们形成了和谐的色调，将这个储存空间变成了别出心裁的点缀。如果你的陶器、瓷器收藏没有整体感，你可以按照相配的颜色或图案组合它们，让它们显得更加协调。把它们堆叠起来，当你在跳骚市场或旧货商店发现廉价的、相配的餐具时，可以随时添加进去。

人物
琳达·加德纳
（Lynda Gardener）

〜〜〜〜〜

地点
澳大利亚，戴尔斯福特

浴室的正中央放置着一只优雅的爪形足浴缸。

通过简洁的墙面和精简的装饰，琳达成功地凸显了中古体重计、玻璃枝形吊灯和浴缸这些精挑细选的古董。

工业装饰与传统的爪形足家具混搭在一起，比如这个落地灯和一对铁桶。这种组合为房间带来了现代气息，又带来了意想不到的质感。

豪华的红边亚麻面料和精致的黑白薄墙纸让这间小卧室成为了时尚的客房。一只吊灯让琳达得以利用有限的桌面空间来展示这些古董奖杯。

这个奖杯中的花艺灵感来自于琳达的古董奖杯收藏。

在家中制作这个花艺的方法详见第 316 页。

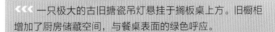

一只极大的古旧搪瓷吊灯悬挂于搁板桌上方。旧橱柜增加了厨房储藏空间，与餐桌表面的绿色呼应。

书房中运用了视觉小技巧：这里只有一半是真书，另一半只是由德博拉·鲍尼斯（Deborah Bowness）设计的假书壁纸。

无需多费精力，只需把书架内部刷成亮橙色，就能为房间增添亮丽的色彩。

它与房间中的其他橙色相联系，同时衬托了主人的白色陶器收藏。

T 德克萨斯设计师波尼·夏普是 Studio Bon 工作室（美国）的创意之源，他们出品美妙的现代织物，以成熟的中性色调与有趣的花样为特色。她在位于达拉斯的科德角风格的住宅中运用了大量鲜亮的色调，让屋子充满生机。尽管房间的细节装饰非常古典，搭配上波尼的现代家具之后，开放式空间设计显得十分现代。

从床头板的草绿到墙面的苔藓绿，波尼将房间中的绿色分出了几个层次，而非完全匹配。这些色调的组合为房间带来了春天的气息。由于空间有限，一张宜家桌子既作为床头柜，又是工作台。

波尼的床头板成为这束充满春天气息的插花摆设的灵感。

第 309 页详细介绍了如何在家中重现这个花艺。

波尼让餐厅墙壁的颜色与窗帘相配，这样既增加了墙面的质感，又不喧宾夺主。古典柚木边柜和餐桌带来了温暖。

◀◀◀ 过道中，贝壳壁挂与扇形图案的遮光帘的颜色相互呼应。

板条式护墙板让餐厅厨房一体式空间显得十分传统。波尼又搭配了大胆的视觉艺术图案，让它变得有些现代。窍门是创造一个统一的主题——在这里是圆形图案主题。

人物
莫妮卡·
别格列·艾亚斯
(Monika Biegler Eyers)

地点
英国，伦敦

地上随意地摆放着几个摩洛哥皮坐垫，用来装饰房间，只有举办聚会、派对时，它们才会发挥本职作用。

莫妮卡·别格列·艾亚斯，设计编辑、作家、顾问。2007 年，她与丈夫从曼哈顿的现代住宅搬入了这间位于伦敦荷兰公园地区的公寓。这个高雅的空间充满着传统的装潢细节，比如装饰嵌板、高天花板以及让房间整日洒满阳光的大窗户。莫妮卡拥有对高端家具的眼光，又喜欢挑选平价家具，她根据自己专业的编辑经验购置了经久耐用的主要家具。为了与这些偏传统的家具互补，她使用了更便宜、更时尚的装饰，比如这些摩洛哥皮坐垫，增加了一些趣味和色彩，而且花费不多。

莫妮卡的肖像画，为大学同学所画，被挂在桌子上方。比起创造一个传统的家庭办公空间，莫妮卡选用了多样的布料装饰，让这个空间得以融入房子整体的外观和氛围。

简易的奢华

莫妮卡的书桌很好地证明了布料可以轻易地让房间显得更加高端。多彩的面料和玻璃桌面让这张旧折叠牌桌成为了可以登入杂志的别致家具。另外，你还额外获得了桌下隐藏的空间！

<<< 莫妮卡运用了建筑上的细节设计，获得了很好的效果。客厅中，装饰嵌板中完美地展示了一幅简单而醒目的画作。与此同时，为了露出护墙板，现代沙发和砖匠桌及其他家具都保持得很低。

使用常见的色彩搭配进行不同花样的混搭。

莫妮卡运用低矮的家具和艺术品展现房间的高度。

<<< 厨房的深靛蓝色深深迷住了莫妮卡，还让她爱上了烹饪。餐具架中的绿白色中式瓷器珍藏原本只留在特殊场合使用，但是现在它们与房间的色彩十分相衬，因此莫妮卡开始经常使用它们了。

这只美妙的浴缸成为了莫妮卡买下这套公寓的契机。"我喜欢它的无釉石质和有裂痕的光滑瓷质的搭配。这就好像回到了罗马帝国的鼎盛时代，或是其他波澜壮阔的时代！"莫妮卡说道。

她决定单独摆放这只浴缸，让它静静展现魅力，一只大贝壳是唯一的装饰，用来放置其他毛巾。

相同的金色画框将这些 Natural Curiosities 工作室（美国）出品的珊瑚画统一起来，与壁灯相得益彰。

艾米收藏的蓝白瓷器中的蓝色调与墙壁的色彩十分协调，同时与下方的旧棉被中的蓝色相呼应。

Design * Sponge 编辑艾米·梅瑞克的铁路风格公寓位于布鲁克林，是我们团队的最爱之一。她对古典家具和手工艺品（很多是她自己制作的）在屋子里处处可见，带来历史的气息。不创作时，艾米常常在网上搜寻美妙的旧布料，还经营着自己的花卉设计公司。

艾米是壁纸的狂热爱好者，只是壁纸通常价值不菲。因此她经常在 eBay 寻找价格适中的古典花样，比如覆盖在浴室的这张雏菊壁纸。曾经狭小、阴暗的空间现在充满了赏心悦目的黄白小花。

这个随意的毛茛插花灵感来自艾米收藏的旧瓶子。

制作这个花艺的方法详见第 307 页。

> ✱ 传家宝为空间带来一些特色和历史感。艾米的公鸡台灯是祖母传下来的，底下的床头柜是在街上发现、和父亲一起翻修的。

> ✱ 古典梳妆台上堆叠着按颜色排列的书籍，在卧室一角创造了一个小小的彩虹。

家庭办公室中美妙的花园主题壁纸是查尔斯·沃塞（Charles F. A. Voysey）于 1926 年设计的，他是英国建筑师、织物设计师，也是工艺美术运动的主要人物。艾米之所以选择这个名为药剂师的花园（Apothecary's Garden）图案，是因为它把些许屋外的风景带入了室内，还不需要修护保养。这张壁纸是她在马萨诸塞州普利茅斯的 Trustworth Studios 工作室（美国）买到的。一只中古打字机与墙上花样中的绿色相呼应，她在做手工、回信时仍会用到它。

第 340 页从另一个角度详细介绍了她的工作室是如何面目一新的。

艾米热衷于 DIY，亲自翻新了这间明亮的黄色厨房。

她最喜欢的一项就是油漆这个房间的地板。

她拿掉了公寓本来的油毡，接着打磨地板，刷上了黑白菱形图案。这美妙的效果鼓励她拿掉了屋里的其他油毡，一间一间地将木地板油饰一新。

尽管一开始艾米不喜欢厨房的深黄色墙壁，但她最终还是欣然接受了这一色调，还把棕色台面刷成了相配的黄色。壁橱底端的小钩可以用来悬挂茶杯，而不占用宝贵的橱柜和工作台的空间。

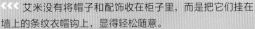

<<< 艾米没有将帽子和配饰收在柜子里，而是把它们挂在墙上的条纹衣帽钩上，显得轻松随意。

<<< 艾米没有改变厨房墙壁原有的色调，而是把冰箱漆成了相衬的黄色。冰箱上方放置着室内植物，她知道这样就能看到它们，并且能够记得经常浇水了。

艾米钟爱古典毛毯，但又不想损坏这块在跳骚市场找到的脆弱地毯。因此她把它当作墙面装饰，悬挂在一把布鲁克林教堂旧靠背长凳的上方。

这根消防用木杆贯穿了艾琳和保罗的客厅，向我们展现他们天马行空的生活方式和特立独行的设计风格。

这是艾琳从马萨诸塞州新贝德福德的消防博物馆得到的。

艺术家艾琳·卡尔森和摄影师保罗·克兰西已经在这间有 110 年历史的教堂里住了 28 年了。这间教堂是在 1900 年由信奉不同宗派的工厂工人建造的，还自带一只户外秋千、一个鸡舍以及三英亩草地。而现在这两名艺术家将它变成了一间用来尝试各式设计、色彩、涂漆以及所有创意应用的实验室。

当他们搬入这里时，他们把厨房地板刷成了菱形。随着时间的流逝，地板已经磨损了，但是他们毫不介意。事实上，他们十分中意它现在的样子。

> **<<<** 两层楼高的客厅屋顶悬挂着一艘船的骨架，成为另一个大胆的个性宣言。这里本是教堂的圣堂，现在容纳着各式古典家具和孩子们创作的画作。

> 作为狂热的书籍收藏者，夫妻两人打造了一排固定书架，它们占据了偌大客厅的左右两壁。

> 艾琳和保罗将封闭式唱诗班圣坛改造成他们的卧室，而浴室则在教堂尖塔。他们粉刷了墙壁，让人仿佛身处贝壳内部，从而联想到附近的海滩。这些装饰涂料和涂成条纹图案的地板都很实惠，无需添置新家具或装饰就能为房间增加色彩和质感。

大空间住宅

〜〜〜〜〜〜〜〜〜

艾琳说道，"无论你是住在教堂或是阴冷的阁楼，总有办法让你空旷的空间更加温暖舒适"。在脑海里把大空间分成几个房间——即使实际上没有分隔墙。让家具远离墙边，构建桌椅之间的关系。与灯光分散的屋顶灯相比，落地灯和台灯更能为空间和家具赋予生气。考虑家具的质感，比如天鹅绒布面、厚毛毯和木质表面都能给洞穴般宽大的空间带来一丝温暖。

希瑟和乔恩的床是全家人小睡的地方，于是他们决定置办一张特大号的床；它能够躺下全家四人和两只宠物。

壁画的黄色和灰色主题与寝具的色彩相映衬。

H 希瑟·阿姆斯特朗，趣味博客 Dooce 的作者，和丈夫乔恩、年幼的女儿丽塔和玛罗一起住在盐湖城的家中，还养着两只活泼的小狗——一只叫作查克的杂种狗和一只叫作可可的小型澳大利亚牧羊犬。希瑟不仅因抚养儿女的记叙出名，还是独立设计界的积极支持者。出生于田纳西州的她把自己的个人风格形容成"南方式的上世纪中期风格"。

对家庭餐椅来说皮革是绝佳的选择，比如图中的现代皮椅，它们十分舒适并且便于清洗。

◄◄◄ 旧标志牌和数字为蓝灰为主调的厨房带来一些色彩装饰。

照片的黑白边框与鲜亮的黑黄椅子相呼应。

茱莉亚·罗斯曼（Julia Rothman）设计了玛罗卧室中的名为白日梦（Daydream）的壁纸。柔和的奶黄色与古旧的黄铜床相得益彰。

黄铜床

黄铜床最早作为军官们的"作战用床"出现，可以快速拆卸。在 19 世纪中期，金属制造商研发出了中空金属管，很快应用于床具制作。在那个臭虫横行的时代，不像木床，金属床可以防止生虫，满足了大众的需要。

时尚的灰色墙面和古典家具为
老式标本赋予现代感和雕塑感。

客厅的沙发原来饰有鲜花图案，
但是为了配合房间的成熟氛围，
原本的沙发套被换掉了。

R 毛毯设计师贝弗·海瑟觉得自己有点像"废品猎人"。每周至少有一天你可以在
Goodwill 二手商店看到她正在搜寻落地灯或厚羊毛毯的身影。她展示二手商品的
时候，就像别人在炫耀艺术品和雕塑一样。不论是崭新的还是二手家具，贝弗
总能为它们赋予自己的风格，从而打造一个独属于她的空间。

尽管卧室中倾注着她对色彩的热爱，却也不过分夸张。比起运用过多的图案花纹，贝弗选择使用明亮的大色块来达到这个效果。

这些装饰包括一张她自己设计的毛毯、蓝灰色双人沙发、从庭院售货淘到并刷成黄色的边桌。

只要色彩相配，有一个中性的背景，风格迥异、时代不同的家具可以轻易地搭配在一起。这幅贝弗钟爱的公牛版画是在救世军（Salvation Army）的一家商店发现的。

<<< 这张当代美术馆海报是她幼年时去斯德哥尔摩之行的旅游纪念品。它是卧室墙面颜色的灵感来源。

比起传统的床头板，她选择把一块植物纹理模切布面挂在床后。它的花纹在深灰色墙壁的衬托下十分显眼。

厨房储藏柜的顶部陈列着贝弗的
西德陶器收藏。类似储藏柜的封
闭式存放方式可以让厨房保持干
净、整洁、有条理。

几把索奈特（Thonet）弯木椅让餐厅的灰色墙面变得温暖起来（更多关于索奈特的介绍见第 132 页）。

餐厅的灰墙［本杰明摩尔涂漆的岩石灰（Rockport Grey by Benjamin Moore）］与美术馆的传统灰色墙面十分相像。这个颜色完美地衬托了朋友博比·欧文斯（Bobbie K. Owens）的大胆前卫的抽象画作。

走廊上的黑板随意展示着来访友人的涂鸦。贝弗的朋友杰瑞·华斯（Jerry Waese）的素描与地毯上的涂鸦线条相映成趣。

贝弗的这些木制模具收藏原本是用来铸造钢制机器零件的，她巧妙地把它们陈列在餐厅墙上，让这些普通的工业工具摇身一变成为了多彩的雕饰。

工业零件

工业金属零件、木制轮盘和其他跳骚市场的平价商品若以新颖的方式摆放，就会成为美妙的展示品。其他不错的来源有 eBay 的旧货板块或是 Craigslist 分类信息网的当地页面。在找独一无二的东西？试试 1stdibs（*www.1stdibs. com*），它提供非常独特的选择。试试键入关键词"中古轮盘"（antique wheels）和"中古机器零件"（antique machine parts）。

艾丽莎和莱恩两人才华横溢，
他们强烈的个人风格延伸到了
他们的装潢。

卧室里装饰着一只水晶矮吊
灯、一幅现代画作和一幅诙谐
的自画像。

Design*Sponge 的编辑莱恩·沃克和艾丽莎·帕克-沃克是一对品位不凡的年轻人，负责撰写每月的酒吧专栏。他们经营着一家网上商店 Horne，出售美妙的先锋家居装饰和摆设。他们费城的家中处处展现着他们的审美品位。

当原创画作过于昂贵时，给自己钟爱的海报或印刷品镶框是一个很好的选择。这样不仅能让它显得更加特别，还可以让你亲自挑选框架颜色，以便挂画融入房间。艾丽莎的桌子上方是一幅马蒂斯（Matisse）海报，和灯罩上的蓝色相映衬。金属外框与中古金属桌相呼应。

置办一大块地毯可以让整个空间获得整体感。

尽管在厨房安置这样一块中古地毯很不寻常，但是莱恩和艾丽莎认为它是"地板上的艺术"。它浓艳的红色与富美家（Formica，美国）餐桌很好地互补。

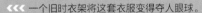
一个旧时衣架将这套衣服变得夺人眼球。

莱恩和艾丽莎希望客厅能承担多种功能。这既是他们休闲的地方，也是一间会议室，在这里约见预计会在商店出售商品的设计师。

房间中性的色调平衡了这些色彩斑斓的装饰，比如花纹地毯、橙色落地灯和阿美利加·马丁（America Martin）等艺术家创作的各式画作。

室外休憩处的沙发床上盖着一块斯蒂芬妮婆婆送的绚烂的中亚绣花布。一组 Mokum 品牌（澳大利亚）户外系列的靠垫上方挂着一块镶框瓦哈卡布。如果你觉得它太过醒目，可以挂一块小的。它可以与房间的图案相呼应，还花费不多。地上的亚麻凉席是她的结婚礼物之一，手工编制于小叔子所住的斐济村庄。

作为一家澳大利亚当代织物公司 Mokum 的设计总监，斯蒂芬妮·莫菲特深知如何运用图案和颜色。因此她和丈夫在悉尼的家中也充满了鲜艳的色彩、印画和成熟的中性色。通过冷静的白灰基调中和她选择的各式花样，无论斯蒂芬妮如何改变、添加花纹和织物，她都能让这个家显得清新、现代。在悉尼周边的各式小公寓里住了十年后，她清楚地知道如何布置这个自带花园的宽敞住宅。

别致的玻璃落地门连接着后院和室内的餐厅与休息室。

经典的乔治·尼尔森（George Nelson）圆罩灯悬挂于餐桌上方。斯蒂芬妮选择了深灰色的客厅墙面，营造冷静、现代的色调。

斯蒂芬妮没有选用一件中央摆饰，而是决定在桌上摆放一组旧瓶子，为餐厅打造轻松愉悦的视觉焦点。

客厅中的装饰艺术风格沙发和椅子与其他复古家具、灯具相得益彰。

斯蒂芬妮喜欢搭配柔和的图案和织物，营造舒适休闲的氛围。

这块粉色地毯来自 Mokum 西藏系列，手工编织于尼泊尔。

斯蒂芬妮使用了粉色和灰色的摆饰和寝具，为卧室平添一份柔美、娴淑。

斯蒂芬妮把壁炉架两边的护墙板刷成浅金属金色，为房间增添些许花纹装饰。

<<< 卧室壁炉上方悬挂着一只花环，由斯蒂芬妮的朋友罗谢尔·坎特（Rochelle Cant）所编。壁炉台上摆放着一些蜡烛和祖父母传下来的小陶像。

一组旧咖啡桌椅装上现代布面以后再次获得新生。几盆易于保养的多肉植物成为中央摆设。

一张拼布基里姆地毯与客厅的中性色调相呼应，它是在伊斯坦布尔大市集成功地议价买到的。

基里姆地毯

近几年基里姆地毯又重新流行起来，但事实上它的历史可以追溯数个世纪。基里姆地毯出产于亚洲和中东地区，运用平织技法编织。经常作为祷告毯，基里姆地毯现在收藏于全球各地的博物馆，从隆起的编织图案到细长条纹，它的式样超出 15 种。

占据整个墙面的书架很不错，但是如果太高了，你拿不到所有的东西的话，那就无法发挥全部功能了。

凯特在宜家找到了一架梯子，刷成与墙面相衬的浅紫灰色，以便拿到所有的书。

K 凯特·伯里克，作家、Domino 杂志前执行编辑，住在布鲁克林高地的一间高层公寓里，它的最大特色是客厅转角处的一整排落地玻璃窗。屋子里随处可见古旧的建筑细节，还拥有高悬的天花板。作为一名装饰爱好者，凯特认为自己的家是一件正在不断完善的作品。她总是在重新装饰自己的家，不时地更换优美的中古和现代家具。

壁炉十分美丽，但是当它们不再使用时，如何利用这个空间就成为了问题。凯特在壁炉中放了一只简单的花园瓮（在公寓外的大街上找到的），让它成为一个别致的雕饰，壁炉口成为它的外框。

古典金属瓮

凯特壁炉中的瓮让人回忆起 18 世纪的奖杯，它们从古希腊和古罗马式瓮演变而来。如果你也想要购买，去博物馆商店看看，那里经常出售复制品。Plaster Craft(*www.plastercraft.com*) 之类的工艺品商店则是另一个廉价购买新古典风格金属瓮的来源。在网上查找水瓮时，试试关键词："希腊瓮"（Greek urn）、"古代花瓶"（ancient vases）、"花园金属瓮"(graden urn)、"新古典金属瓮"（neoclassical urn）。

在网上买二手家具可能会十分惊险——谁知道它会是什么样子，但有时真的可以物超所值。凯特在 Craigslist 分类信息网上低价购买这张陈旧的绿沙发时根本没有见过它的样子。为了保险起见，凯特问卖家她能否在上面试着小睡一下。它成功地通过了检验，如今安放在明亮的客厅里。

正如这个红色鲜花柜子，独特的中古家具能为起居室带来一抹鲜亮的色彩点缀。

许多人让沙发正对着电视机，但是凯特却让沙发紧靠着公寓最有特色的地方——转角玻璃窗。

这样摆放不仅别出心裁，还能让她在阅读杂志、和朋友交谈时能够充分利用自然光源。

卧室的深金棕色墙面是受 20 世纪 70 年代启发，与海瑟的活泼的旧鲜花靠枕形成对比。

中古织物

〰〰〰〰〰〰〰〰〰

以下是海瑟最喜欢的中古织物在线资源：

Dots and Lines Are Just Fine:
一个定期更新中古织物的博客。
*dotsandlinesarejustfine.
blogspot.com*

True up:
这个网站介绍了大量在线商店。
www.trueup.net

Pindot:
无与伦比的日本在线商店。
www.pindot.net/shopping.htm

Retro Age:
澳大利亚网络织品商店。
www.vintagefabrics.com.au

Purl Soho:
寻找古典风格织物的首选。
www.purlsoho.com

H海瑟·摩尔是 Skinny Laminx 的插画师和设计师，那是一家 Etsy 网（美国手工艺品交易网站）上的商店，出售各式各样的商品，从茶巾到围裙，所有布面都是她设计的。这个位于开普敦的公寓可以一览平顶山的全景。家中处处都是她和丈夫——艺术家保罗·埃德蒙（Paul Edmunds）多年来收集的珍贵收藏。海瑟从不回避大胆的图案，与之相反，她非常擅长在家中运用它们。

屋前售货是搜寻旧布面的绝佳场所。

保罗就在屋前售货时发现了这块红花图案的布料，海瑟把它缝制成了亮丽的卧室窗帘。

«‹‹ 墙上用金属夹挂着海瑟的一张印画。海瑟喜欢这种方式的随性——而且她还可以随意调换。

«‹‹ 夫妻两人没有拆掉厨房原有的绿色储藏柜，反而为它装上木架，配上木桌，彻底地改变了它的外观。

只要你搭配得当，即使是对比鲜明的花样也能获得很好的视觉效果。

一些中古靠垫安放在 Ercol 公司（英国）的古典沙发椅上。

毛毯不仅点缀了杰西卡家中的
地板，还成为了墙上的装饰。
客厅墙壁和窗帘的中性色很好
地衬托了其他醒目的图案。

摄影师杰西卡·安特拉的家洒满了阳光，位于布鲁克林的卡罗尔花园地区，摆满
了她在土耳其、突尼斯等地旅行和在巴黎生活时所收集的珍宝。尽管去过许多充
满异国风情的地方，杰西卡还是选择在熙熙攘攘的创意之地布鲁克林定居下来，
凭借她对设计和摆设的品位以及对古典家具的热爱，打造了一个舒适的家。

杰西卡把墙面刷成了艳丽的粉红色（本杰明摩尔涂漆的牡丹色，Benjamin Moore's Peony），摆上颜色相衬的花纹靠枕，将这个小小的卧室变成一只亮丽的珠宝盒。

餐厅里，杰西卡充分利用了闲置的壁炉，用她钟爱的摆设点缀壁炉架，上方墙面用来展示各式艺术品和一面中古镜子。奶黄色墙壁让这些风格迥异的艺术品能够以各自的色彩和图案装点这个空间。

杰西卡运用了一个经典的装潢窍门，把一个古典梳妆柜当成一个简单的吧台。

杰西卡从世界各地收集的珍藏，下方安放着一对巴黎古典黑椅。

古旧地毯的保养

尽可能把中古地毯放在很少经过的地方。

清理时，在户外抖动地毯，接着小心地用手持吸尘器清理。注意不要碰到边缘或流苏，这些脆弱的纤维很容易被真空吸尘器损毁。

每年请一位有信誉的专业地毯清理人士进行一次深层清理。这会延长它们的使用寿命，延缓褪色。

使用地毯衬垫，以防滑动、隆起，损伤旧地毯。

在地毯的背面用织带绑住任何磨损的地方或松开的线，以防更多磨损。

人物
丽贝卡·菲利普
（Rebecca Phillips）

地点
纽约市，布鲁克林

在狭小空间中使用同一个色
调可以更好地获得流动感。

卧室中，床头床尾的绿色花
纹面料与枕头和窗帘的边缘
相映衬。

R 摄影师兼瑜伽教练丽贝卡·菲利普住在布鲁克林的一间小公寓里，里面色彩肆意，
摆满了美丽的饰物。她喜欢柔美但又带有边缘的设计。在她的朋友——装潢师兼
Design * Sponge 的贡献者尼克·奥尔森（Nick Olsen）的帮助下，丽贝卡绘制设计、
缝制布料、光顾二手市场，一步步地将这个家变成了她所形容的"自我诠释"。

厨房中也贯穿了绿色基调。运用本杰明摩尔涂漆的亚马逊青苔色（Benjamin Moore's Amazon Moss）的不同明暗色调，丽贝卡打造了一个方格后挡板。她甚至还用热胶枪将相衬的绿色罗缎丝带贴到柜子的表面。

公寓房的卧室里，一只装饰艺术风格的梳妆柜来自纽约的切尔西跳蚤市场，丽贝卡为它漆上了锯齿形纹饰。

运用一种色调

"所有的绿色都能互相协调"，尼克·奥尔森这样说道，他曾经为室内设计师迈尔斯·里德（Miles Redd）工作。"不要害怕搭配同一色系的不同颜色"，他补充道。刚搬入时，丽贝卡为她的公寓刷上了薄荷绿色（这是她最喜爱的颜色），但是尼克觉得太柔和了。他以大片白色为基调，增添了一些深绿色点缀。"只要注意主次和对比，运用一种颜色就不会显得单调"，尼克说道。

像这幅城市风景画之类的中古艺术品非常实惠，而且易于清理、重新装裱。如果你的艺术品价值不菲，还是把它交给专业清洁人士为好。如果你只是想清理价值仅五美元的跳蚤市场商品，只需用湿布轻擦画作的表面和画框，以便清除灰尘和污迹即可。

从 eBay 购置的廉价沙发因带有鲜绿色边缘的白色布面而变得时尚。

另一个实惠的小窍门：这把椅子漆成了白色，重装上了墨西哥毛毯饰面。丽贝卡翻新过一张 Urban Outfitters 品牌（美国）的咖啡桌，为它装上了树脂玻璃桌面。

爱莫森和莱恩希望打造一个能够让访客觉得舒适自在的家。

他们开车一路沿着东海岸挑选家具和小摆设，比如这张图书室的深蓝色沙发。图书室的地板原来刷了含细沙颗粒的防滑漆，他们去掉了这些漆，让美妙的旧黄松得以展现。

R 莱恩和爱莫森是广受欢迎的网络商店 Emersonmade 背后的夫妻档。这两位设计师创造手工纸品、布艺花卉、布制餐巾之类的家居用品以及服装。从纽约搬到新罕布什尔州后，他们买了这间乡村小屋，用莱恩的话来说，它就是"一间荒屋"。把它从头到尾翻新了一遍以后，他们留下了一些原来的细节，比如外露的砖墙和松木地板。他们将对手作设计的热爱融入了这个舒适的乡间宅邸，里面处处都是古典家具和手工装饰。

爱莫森和莱恩在客厅打造了一个壁炉，这样他们就可以在冬天一直坐在火边了。

他们重新使用了原来废弃的壁炉架，延续了这些拥有130多年历史的装饰。壁炉架上的航海地图描绘了纽约和缅因州之间的海域，这正是夫妻二人搬到新罕布什尔州时走过的地区。

>>> 图书室的另一边，一盏珠帘枝形吊灯下方是一张古典圆桌，桌上堆叠着蓝色封面的书籍。当朋友来访时，可以清出桌面，用来玩玩游戏、喝喝酒。

>>> 厨房的食品柜的设计初衷是让所有的事物都可以看到，易于拿取。开放式橱柜存储可能会很难保持干净整洁，因此他们把基本材料都放在透明玻璃瓶中，以减少盒子和视觉上的混乱。

厨房的乡村式水槽显得很昂贵，但实际上是在 Craigslist 分类信息网上找到的廉价商品。制作砧板台面时，他们考虑了如何准备食物。

后方的开放式储藏突显了他们的硬质陶器收藏，莱恩一开始是把它送给爱莫森作为周年纪念礼物的，这些年来，这些收藏渐渐地达到了这个规模。

他们喜欢款待宾客，因此他们从跳蚤市场带回了一张木制长餐桌，把它安放在客厅的壁炉边。它可以让八到十人舒适地坐下，是冬日用餐的绝佳场所。爱莫森自制了这个桌旗，在 Emersonmade 商店也贩售相似的亚麻布。

自制桌旗

粗麻布和亚麻桌旗是为餐厅或玄关桌子带来特色的绝佳方法且花费不多。你只需要一块粗麻布、亚麻布或是你挑选并裁剪好的布条。未修饰的边缘能为桌子带来一些质感。只需使用模版、家庭成员首字母的印字，你就可以轻易地自制一张独一无二的桌旗。

印上首字母图案的枕头呼应了
主卧室的条纹床单。

正如黄铜壁灯和以钉头装饰边
缘的床头板，传统细节为房间
带来一些经得起时间考验的精
致成熟。为了保持房间的干净
简洁，爱莫森把她的书籍和素
描本（堆在边桌的下面）用牛
皮纸包了起来。

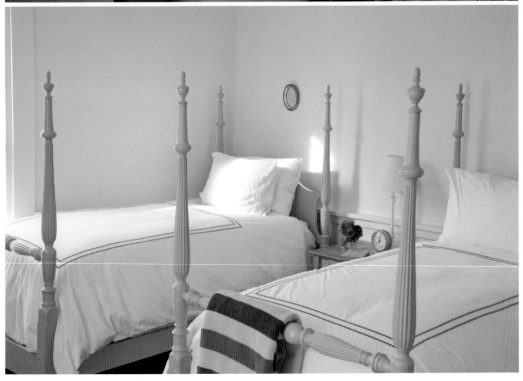

客房中放着爱莫森祖母幼时的
两张旧床，为了赋予它们现代
感，它们被刷成了亮黄色。

多彩的 Hudson's Bay 牌（美
国）条纹毛毯与羽绒被上的橙
色相呼应（第 91 页详细介绍了
Hudson's Bay 毛毯的历史）。

人物
茱莉·道斯特和
约翰·贝克
（Juli Daoust & John Baker）

〜〜〜〜〜

地点
安大略省，乔治亚湾

在拆除客厅的旧干式墙时，他们发现了屋顶的木质构架。

他们非常喜欢这个房屋的建造痕迹，因此他们决定把它刷成白色，露出建筑结构的一部分。

J茱莉·道斯特和约翰·贝克经营着多伦多室内装饰商店 Mjölk，专营斯堪的纳维亚设计。他们继承了位于安大略省乔治亚湾地区的家庭夏日别墅。这间宅建于 20 世纪 70 年代，邸久未修葺。在亲手翻新时，夫妻两人采用了他们最欣赏的现代斯堪的纳维亚设计风格，辅以经典加拿大乡间屋舍风格的点缀，包括时尚的 Hudson's Bay 牌毛毯。

他们以钟爱的斯堪的纳维亚装饰风格把房屋的内部刷成了白色。

客厅中，原有的粗犷的壁炉底下铺着一张名为"悬崖"（Cliffs）的地毯，由瑞典织物艺术家朱迪丝·约翰森（Judith Johansson）设计。比起购置新的灯具，他们选择留下家中的旧壁灯，喷涂上亚光黑色，为它们赋予新外观。

<<< 低预算装潢包括了以胶合板制成的厨房嵌板。他们非常喜爱胶合板未上漆的外观，于是就这样保留了原样。

客房中床垫简单地放在地上，盖着 Hudson's Bay 牌条纹毛毯。两只简约的白色台灯夹在胶合板架子上。

不同的材料和质地为客厅带来不少趣味。一对望远镜的前方铺着一张来自他们的商店 Mjölk 的驯鹿皮毯，中古艺术品下方则安放着野口勇（Isamu Noguchi）设计的纸灯。

Hudson's Bay 毛毯

1670 年由英国皇家特许创立的 Hudson's Bay 公司是北美历史最悠久的商业公司。公司一开始从事毛皮贸易，在 1780 年，公司标志性的羊毛斑点毛毯成为了经常贸易的常规商品。那些"斑点"其实是编入毛毯的黑色短线，下方是条纹花样。这个斑点系统由 18 世纪法国的织工发明，在制作毛毡时用来标记成品的大小。斑点的位置越高，毛毯就织得越大越暖和。尽管毛毯是素色的，传统的毛毯以白色为基调，但以绿色、红色、黄色、靛蓝色条纹为特色。

乔治·尼尔森设计的板条凳上随意地摆放着斯科特钟爱的画作、帽子和雕塑。

深巧克力色墙面与地板相互映衬，创造了贯穿整个公寓的流动感。

W 在装修位于旧金山卡斯特罗地区的家时，斯科特·恩格勒希望创造一个能让人远离忙碌的都市生活的空间。这位经营着一家网络广告公司的主人希望这间建于 1900 年、拥有 12 英尺高的天花板的房屋能让人回归自然，却又亲近都市。以他对经典设计的热爱和"即将成为传家宝"的家具装潢了这个家，他现在可以在钟爱的家具中放松身心了。

斯科特保留了原来的古旧炉具，找到了这些十分相称的复古吊灯和旧标志。宜家的架子既解放了台面，又没有占据太多墙面空间。

高挑的客厅天花板当中悬挂着一只人工吹制的玻璃吊灯，由纽约设计师林赛·阿德曼（Lindsey Adelman）设计。透明的玻璃就如同空中飘浮的气泡，没有为视觉带来丝毫的沉重感。

在这里，深巧克力色调从门厅延伸到二楼。

比起在木材质上全部使用白色，斯科特选择用浅褐色栏杆与棕色墙面形成鲜明对比。

在运用壁饰时，他总是无所畏惧：在这里，他悬挂着一只蝙蝠标本，来自旧金山园艺与自然科学商店 Paxton Gate。

标本收藏

从蝴蝶到门厅中的这个蝙蝠到其他特别物件，在大自然中收集物品的做法根植于文艺复兴时期的求知欲。作为财富的标志，收藏家在获得它们后仔细地排列所有收藏，不论是人造的还是自然的。这些小心摆放的陈列品就是美术馆展览的前身。如今的标本收藏家收集一切事物，从昆虫到动物的头盖骨、骨骼、剥制品和海洋生物。

客厅中的摆设将高端当代家具和二手商品混搭起来。这些白色漆器和黑胡桃矮柜出自纽约家具制造商 BDDW。

黑黄基调贯穿了大卫的客厅，红色和黄绿色及其他醒目的颜色提亮了整个空间。

A 大卫·斯塔克，艺术家、设计师、活动策划师。从慈善基金筹款甚至到犹太成人礼，他因策划的聚会非同凡响而闻名。最有名的一次是在罗宾汉基金会的一次活动中，他将捐给孩子的鞋悬挂起来，创造了一个"龙卷风"。如同他天马行空的活动一般，他位于布鲁克林的家也充满着奇思妙想和勃勃生机。他把自己的家形容成一幅"不断变化的拼贴画"。各种颜色、质地、花纹给他的屋子带来丰富的层次，让它显得既妙趣横生又赏心悦目。

大卫的家很好地展示了在家中如何运用大胆的颜色。当然不是所有人都偏爱醒目的色彩，但是如果你一直想在家中尝试明亮的颜色，学学大卫吧。他的每个房间里都充满了大量色彩，但至少有一面墙被刷成中性的深色，让眼睛有放松的机会。封闭门廊的棕色墙面和客厅中漆黑的墙面既能衬托亮色，又能避免色彩过于鲜艳杂乱。

〉〉 深巧克力色墙壁围绕着成为起居空间的封闭门廊，大量盆栽植物和树木又将它变为了花园绿洲。咖啡桌上放着大卫为 West Elm 公司设计的细绳花，为房间增添了质感和细节装饰，而未影响绿棕色基调。

〉 卧室中，大卫使用浅紫色墙壁衬托着各式图形，比如床上的黑白圆点和遮光帘上的黑白条纹。

餐厅中，醒目的几何图案窗帘和一块绚丽的条纹地毯以鲜绿色墙壁和椅子为衬托，彻底融入其中。

边桌上的亮橙色台灯作为强烈的色彩点缀，增加了细节而未影响主色调。

床上方的鲜花旧画完美地融入了房间中的黄色基调和温暖的木质主题。

和很多瑞士设计师一样，伊丽莎白非常擅长利用相近的色彩搭配和图案的大小变化将截然不同的图案混搭起来。

D设计师、插画师伊丽莎白·登克家中的家具都拥有特别的意义。或是自己设计，或是来自友人，这些家具都让她的家充满了故事。有了丈夫丹尼斯、两个孩子托娃丽莎与奥托的陪伴，伊丽莎白渐渐爱上了这个家的生活气息。她对古典鲜花图案的搭配和对橄榄绿色和黄色等暖色的运用，让人回想起20世纪70年代盛行的风格。

几个旧篮子现在成为了洗涤篮和储藏柜。这些原本用来拾取蓝莓的篮子现在放在门廊里，用来收纳帽子、围巾、手套。

客厅沙发上摆放着一组花纹靠垫，上方悬挂着一幅醒目的印画，出自传奇的瑞典平面设计师奥尔·艾克萨尔（Olle Eksell）之手。各式材质的混搭（白色墙面、针绣靠垫、陈旧的纸质画）为房间带来细节点缀，而不喧宾夺主。

墙上挂着一组盘子，由伊丽莎白和孩子们一起设计，很好地装点了浅蓝色的墙面。

这个旧式储藏柜在客厅里重获新生，兼具收纳和展示有趣饰物的功用。这种平式抽屉是摆放亚麻和其他需要平放的珍贵事物的不二选择。

餐盘壁饰

餐盘陈设能同时带来色彩和图案的点缀，还能展示一些很特别或不适于日常使用的易碎餐盘。若是想要自己动手，首先买一些餐盘挂钩（你可以在绝大多数的五金店和家居用品店找到），然后试试以下几种布局，在家中创造一个独属于你的餐盘壁饰。

*对称布局：*没有什么比创造一个平衡的布局更简单了。试试一个简单的设计：摆放三排餐盘，每排两个，或是用四个餐盘组成一个正方形。

*由小到大，反之亦可：*如果你的墙壁非常高或是非常长，这样安排效果尤其好。挑选大小不一的盘子，从最大的或是最小的盘子开始，将它们按大小逐一挂到墙上。

*中心布局：*如果你最喜欢某个盘子，可以先把它挂在墙上，随后添加其他盘子。不要害怕中途调整，小钉眼很容易遮掩。

阿比盖尔在爪形浴缸上方悬挂了一盏线形吊灯，十分引人注目。这一奢华的点缀让她可以在温暖的烛光中放缓节奏、放松身心。

L　阿比盖尔·艾赫恩，伦敦室内设计师、时尚设计师。她的家居商店 Atelier（英国）出售的家具充分展现了她对现代设计的无与伦比的品位和眼光。然而她的家并不只局限于当代风格。她也喜爱前沿组合，例如她钟爱的混凝土椅子和中古物品（比如餐厅的旧布面）的搭配。她在家中运用大胆的色彩营造愉悦的氛围，让人暂时忘记伦敦常年阴郁的天气。

厨房和餐厅运用了大胆的色彩基调，在家具的大小和颜色深浅上做文章。墙角处，一盏Anglepoise公司（英国）出产的蓝丝绒大型落地灯（无需夹钳就可以放置在许多地方）给这个成熟的空间带来一些幽默。

<<< 一幅来自阿比盖尔的商店的通俗艺术画为客厅的墙面增添了亮色。

深色色调

不要害怕运用深色色调。"深色是我的灵感源泉，如果你认为你一定要住在阳光明媚的天气或是大空间才能呈现效果，那是很大的误解，"阿比盖尔说道，"深色和烟灰色能为墙壁和地板带来强烈的个性和存在感，让房间显得成熟、精致。窍门是运用大量强调色，比如桃红色、柠檬黄色、焦橙色。再为这些醒目的颜色辅以充足的灯光，你就可以将毫无亮点的空间变得引人注目。"

住宅的后墙被改造成了一面玻璃墙，从而获得更多的光线。戏剧性的黑色墙面搭配以明亮的家具，包括一盏粉红色的台灯、一把舒适的马海毛座椅，那是阅读时的不二选择。那张假书壁纸与琳达·加德纳的乡间宅邸中所用的一样（见第53页）。不同的是，在那里是用来形成错觉效果，而这里是用来增添趣味！

人物
琳达和约翰·梅耶
（Linda & John Meyers）

地点
缅因州，波特兰

若是想要为房间增加一些质感，考虑一下用布料做墙纸。

琳达在餐厅的墙上贴上了她在法国的跳蚤市场淘到的印花布面。布面的使用和墙纸一样简单，只需熨烫一下布面，用肥皂和水清洁一下墙面，让它们自然风干，随后刷上薄薄一层浆糊，再把布面贴上。最后以弄平壁纸的方式用塑料直尺将隆起的部分压平。

L 琳达和约翰·梅耶是一对才华横溢的夫妻档，经营着设计工作室 Wary Meyers。可能以他们的改头换面项目最为著名（记载在他们的书里——*Tossed & Found: Unconventional Design from Cast-offs*），他们的家中也充满了不同风格的二手旧货和历经时间的美妙中古饰物。不论是为旧独木舟刷上经典的蓝色杨柳图案，还是把布料当作壁纸，约翰和琳达一直在为他们的家创造与众不同的装饰点缀。

夫妻二人在布置客房时，想要营造一种"阅读角落"的氛围。他们在靠枕、墙纸、寝具上运用了各式各样的图案，在墙上陈列着中古画作和书籍。

古旧的粗绒地毯和复古伊姆斯躺椅为客厅带来了20世纪70年代的氛围。

整个空间既现代又复古，显得时髦别致，正如 Wary Meyers 一贯的风格。客厅的墙面由这些外露的板条组成，是他们在清除石膏表面时发现的。这外观让他们联想到阿尔瓦·阿尔托（Alvar Aalto）在赫尔辛基的住宅中的外露横梁。

他们家中的20世纪70年代的自然风格成为这个有趣的浮木摆设的灵感源泉。

第310页详细介绍了如何在家中重现这一花艺。

以一个钟爱的摆设色彩为灵感来源能够让你打造一个美妙的新房间。琳达带着一个蒂芙尼（Tiffany & Co., 美国珠宝公司）的盒子走进家得宝（Home Depot，美国家居连锁店），请他们代为搭配颜色。他们推荐了贝尔涂漆的甜美狂想曲（Behr's Sweet Rhapsody），即现在客厅墙面的颜色。

家庭办公室以醒目的粉红色和黑色的壁画点缀，让人想起20世纪70年代，却又显得十分现代。

正如这些紫色办公转椅，糖果色装饰和家具为白色的房间增添了趣味。

塔拉将中古家具和多彩的现代装饰结合起来，把曾经的杂货店的一角打造成了一间成熟而不失趣味的客厅。

墙上露出建筑原本的砖块，戏剧性的开放式楼梯通往楼上的客厅和主卧室。

T塔拉·黑贝尔经营着花店 Sprout Home，这是一间兼具植物培育、鲜花贩售、现代设计的商店，在伊利诺斯州的芝加哥和纽约市的布鲁克林都有分店。看着她位于芝加哥的西部小镇地区的现代优雅的住宅时，很难相信它曾是一间由于火灾歇业的街角杂货店。"它坚固的、简单的外观吸引了我，"她说道，"我喜欢这栋建筑的工业感。位于街角的地理位置也是一大优势，可以有更多的窗户，有利于植物生长和采光。"看出了它的潜力，塔拉亲自进行了翻新，将这栋遗弃的建筑打造成了一个空旷轻快的家。

塔拉以亮黄色墙面衬托她的一体式厨房餐厅。一组盆栽、玻璃盆景、鲜切花让这个现代空间显得绿意盎然、清新自然。

这个现代花饰的灵感来源于塔拉的植物摆设。

第 313 页详细介绍了在家中制作这一花饰的方法。

《《《 在楼上明亮的休息室中，壁架长短不一，增添了视觉趣味。

为了娱乐，塔拉在客厅的沙发对面设置了一个胡桃吧台和中古酒吧转椅。

墙上悬挂着古旧的柏青哥机器（一种结合了老虎机和弹珠游戏的机器），更是平添了一份趣味。

《《《 医学海报成为了流行的壁饰，可以轻易地在 eBay 网和 Etsy 网上，以及全球的旧货商店里找到。塔拉的古旧医学海报是在芝加哥的 Edgewater Antique Mall 古董商店买到的。海报的蓝色与不远处楼上休息室的墙面相互映衬。

封闭式门廊的墙上的犬类肖像画是在房屋里发现的，叠压在原来的后挡板的背面。克里斯蒂把它们装裱起来，重新挂在此处。

W 克里斯蒂·纽曼和她的丈夫——音乐家卡尔·纽曼（The New Pornographers 乐队的主唱）在纽约的卡茨基尔地区购置了他们的上世纪中期小木屋后，他们花了一整个夏天翻新修复、移出旧地毯。他们想要创造一间"美妙的滑雪小屋"，将房间原来的风格和乡间休闲的用途与他们的现代审美趣味相结合。当所有工程结束，他们准备搬入的时候，两人由衷地爱上了他们的新家，因此他们决定租出他们位于布鲁克林的家，长期定居在伍德斯托克。

"美妙的滑雪小屋"的主题灵感来自于客厅中央的巨型石质壁炉。

组合沙发让两人可以同时对着电视机和壁炉。

一张坚固的山毛榉木咖啡桌由艺术家迈克尔·阿拉斯（Michael Arras）设计，是克里斯蒂在 Etsy 网上发现的，与堆在壁炉边的木段遥相呼应。

›› 没有局限于房屋原来的布局，夫妻两人将阳光休憩室改装成了他们的主卧室。床的上方悬挂着克里斯蒂、卡尔、宠物狗的剪影画。

›› 用餐处以白色涂漆和木板的质朴组合装饰。吊扇的木制质感与屋顶相得益彰。与此同时，现代的吊扇、椅子、光滑的白色杂志壁架避免让这间木屋显得过于"乡村"。

›› 克里斯蒂十分喜爱家中原有的荷兰式大门，上面还装着一块饰有栅栏的玻璃。她还为它装上了一个中古门扣，而非传统的门铃。

荷兰式大门

正如它的名字，荷兰式大门来自荷兰，独立之前在纽约和新泽西等荷兰殖民地十分常见。荷兰式大门分成上下两半，两部分可以分别开合，设计初衷是为了让家禽和宠物待在室外的同时，方便流通空气并照入光线。在 20 世纪 50 年代重获青睐，现在仍很受欢迎。

陈旧的木质地板为房间带来的历史感无与伦比，鲜少有事物能与之媲美。克里斯汀和保罗修复了1931年出产的 Glenwood 牌火炉（Glenwood Range Company，美国早期著名火炉品牌），现在它成为了厨房的视觉焦点。

C克里斯汀·弗莉和保罗·斯帕杜托在布鲁克林的威廉斯堡，经营着家居用品店 Moon River Chattel，专营中古餐具、装饰以及古典家具、灯具，他们像以前的店主一样住在商店楼上。以他们对中古家具和装饰的品位著名，他们与两个儿子杰克和希拉所居住的明亮的公寓毫无疑问地延续了他们商店的简朴而典雅的风格。克里斯汀和保罗在12年间亲手打造了屋子的大部分装潢。他们把自己看作房屋的管理人，而非主人。"我们平时看着、摸着的家具见证了我们的血汗、泪水，"保罗说道，"让我们保管这间屋子的这些日子充满回忆。"

厨房翻新计划包括为中古农家水槽搭配上南方黄松木改造的新台面。

夫妻两人为浴缸加了瓷质支脚。本地的水管工、沐浴用品商店或旧货商店都可以帮忙。

小客厅的古旧沙发来自纽约港码头委员会（Waterfront Commission of New York Harbor）的布鲁克林分部，于1953年成立，旨在打击码头工人犯罪行为，后来成为了马龙·白兰度的电影《码头风云》（On the Waterfront）的灵感来源。

中古大门

想要为房屋增加个性，却不知道从何开始？试试使用古旧大门或是五金器具。回收站、eBay 网、Craigslist 分类信息网经常出售大门。购买时务必确认大门与你的门框匹配。不要害怕尝试校门或是其他建筑的大门（第2页上珍妮芙·高登的公寓提供了更多创意）。

保罗和克里斯汀在旧家具中寻找年代感。

办公室中的书架来自哥伦比亚大学教育学院，他们将它从四楼搬下，装车运到布鲁克林的家。两人总是时刻注意着当地商店、学校或历史建筑的大减价和春季扫除的消息。你可以在当地古董商店、在线信息网如Craigslist 分类信息网、专门报导社区消息的当地报纸上得到这些消息。

迈克尔和莎拉在卧室中运用了对比强烈的红绿色调。来自宜家的四柱床物美价廉，刷上的白色涂漆让房间显得清爽、整洁。

S 时尚编辑、室内装潢师、设计师迈克尔·潘尼和妻子莎拉住在多伦多市区的一间美丽的公寓中。他们十分欣赏屋子高挑的天花板和历史细节，比如房屋的顶冠饰条和古典砖石壁炉。两人都喜欢陈列他们的收藏，非常高兴能将房屋布置得不仅实用而且美妙。他们的装饰比较传统，但多亏了巧妙的设计，屋子仍显得活泼而清新。"随处可见的有趣细节让整体氛围变得更加轻松，而多样的色彩让我们可以享受乐趣、表达我们的感受"，迈克尔说道。

大多数损坏的家具只需送到修理店就能变得崭新如初。

客厅的落地灯原本开关失灵了，被丢弃在迈克尔曾工作过的商店的地下室。地下室的湿度让黄铜失去了光泽，却赋予了它迈克尔钟爱的磨砂铜绿，于是他把它送到当地灯具店修理了开关（很多商店可以廉价修理），加上新的简形灯罩。

◀◀◀ 卧室中，梳妆柜上摆放着各式饰物，比如这个珊瑚枝和这面古旧镜子为房间增添了一些年代感。

▽▽ 客厅中，一对白棕竹纹扶手椅安放在飘窗处。咖啡桌的玻璃和丙烯酸支架为房间增加了平面空间，同时避免了视觉负担。

这些藤条椅、旧绿瓶和一只古典银质花瓶为餐厅增色不少，体现了两人装饰风格传统的一面。

迈克尔把屋子原有的瓷器柜的后壁刷成棕色，突显了这些棕色印花瓷盘收藏。

厨房中，Thibaut 牌（美国）蓝白壁纸的装饰、旧货商店发现的复古吊灯等点缀让这个经常被忽视的空间成为两人起居空间的延伸。橱柜上方的柳条篮子也为房间增添了一抹温暖。

巧手装扮我家

装饰性壁炉

装饰性壁炉

即使你的壁炉已经封住了，仍有许多方法来装饰、改造这个视觉盲区。

*装饰屏风：*从布面到木材或金属，各种质地的壁炉屏风是遮蔽火炉的简单而绝妙的方法，同时还能为房间带来一些色彩和图案的点缀。试试用壁纸包上一块夹板，打造一个属于你的"屏风"，放置在壁炉前。如果壁纸太贵，美丽的花纹包装纸也能起到同样效果。

*镜子：*镜面瓷砖或一面切割合适、粘上胶合板的镜子可以让阴暗的底座反射光线，让房间显得更大。镜面瓷砖可以用维可牢尼龙搭扣、3M 公司（美国）的胶带或油灰固定，方便以后移除。如果你有一面夹板镜子，将它靠在炉台壁上。你也可以做一个小托架，以便在炉台前随意移动镜子。

*黑板涂鸦：*如果想要做得更"出挑"，试着把底座和前面的屏风刷成涂鸦黑板。你可以在黑板上写上你最喜爱的诗句或引言，也可以画上一堆温暖的火焰。

▼ 浴室中，条纹浴帘令人不禁想起男式工作服，带来些许阳刚气息。一只花园的旧板条箱现在成为了浴缸边的小桌。

▼ 只要有室内绿色植物，无论多少，整个房间就能显得休闲惬意。

▼ 为了让这个闲置的壁炉变得整洁、现代，两人把它的砖块刷成了白色。古典柴架和桦木条既营造了壁炉的氛围，又避免了烟雾和烟灰。

▼ 上漆多孔挂物板为厨房增加了时尚而实用的存放空间。

第 222 页详细介绍了如何制作厨房多孔挂锅板。

人物
哈里根·诺里斯和
亚当·斯密斯
（Halligan Norris & Adam Smith）

〰〰〰〰〰〰〰

地点
宾夕法尼亚州，费城

亚当和哈里根经常待在他们的客厅里，因此他们希望能将它布置得尽量舒适。

对于这对年轻的夫妻来说，昂贵的家具并不是首选。因此他们将物美价廉的家具和二手旧货搭配起来，比如为一张绿色宜家沙发搭配上一个摆放植物的小置物架和钢丝椅。

Design * Sponge 的贡献者兼珠宝设计师哈里根·诺里斯在萨瓦纳艺术设计学院学习时，遇到了她的丈夫——设计师、自行车修理师亚当·斯密斯。2009 年他们在佐治亚结婚后，两人搬到北方的费城狒狮城地区。两人都非常擅长在设计时亲力亲为，因此他们的家中处处都是他们或朋友亲自打造的家具和摆设。

客厅的钢丝椅是在一次费城的庭院售物找到的，按哈里根的话说"几乎不要钱"。搭配着另一个跳骚市场发现——另类的鹿蹄脚凳。墙上的哥特式字画出自亚当的祖母之手，用来纪念他们的结婚日。

哥特式字画

哥特式字画，正如亚当祖母所画的一样，是由宾夕法尼亚的荷兰人创造的一种书法艺术。追溯到18世纪晚期和19世纪早期，哥特式字画作品主要来源于德国民间艺术，描绘鸟类和鲜花的形象。

▲ 哈里根祖母传下来的镜子悬挂在壁炉台上方。古典玻璃钟罩里珍藏着两人的婚礼蛋糕的顶层装饰，由珍妮弗·莫菲（Jennifer Murphy）设计。

架子照着通往卧室的楼梯的坡度打造，上面摆着缤纷多彩的书籍和地球仪。

哈里根和亚当都很喜欢旅行，因此旧地图和地球仪的装饰在家里随处可见。

亚当和哈里根运用了一块旧画框和软木板，用以展示风格迥异的中古收藏：哈里根的手缝玩偶衣物和亚当的另类工具。

亚当的父亲——家具制作师布拉福德·斯密斯（Bradford Smith）制作了这张床，将它作为结婚礼物送给了他们。

床头板中的木条由农具的把手制成。

床上方装饰着名字，两边的括弧实际上是椅子的扶手，是两人在搜寻废物时找到的。

<<< 楼上的小型盥洗室里，亚当和哈里根决定展示他们对"恐怖生物"的热爱，在墙上悬挂绘有鼠类、蛇类、蜥蜴的画作。

古典装饰衣橱为卧室增色不少。

只需购置像这样的古典家具，与来自跳骚市场和宜家等商店的廉价家具混搭，就可以打造一个与你一起成熟改变的家。

砖墙：喜爱还是讨厌？玛雅持中立态度，她非常渴望将卧室中的砖墙融入纯白色的家中。她把砖块刷成白色，既让它在视觉上融入房间氛围，又保留了特别的质感。白砖的磨损效果与 Dwell Studio 出品的柔和的奶黄色寝具相得益彰。床上方的电扇总是让客人赞叹不绝，于是她决定也在商店出售。

M 玛雅·玛佐夫经营着一家位于布鲁克林的著名古董商店——Le Grenier，因此我非常好奇她的家中会有什么古董珍宝。除了许多优雅的家具，玛雅的复式住宅还装饰着许多艺术品和摆设，都是她在旅行中以及在作为时尚摄影监制的工作中收集的。为了让空间显得更明亮，让风格各异的家具彰显魅力，她将这栋 19 世纪 70 年代的褐石豪宅刷成白色。自 19 世纪 70 年代起，这栋建筑就没有经过多少改动，因此玛雅花了七年多的时间才将它变得独属于自己。她逐步修复了房屋的全部结构——地板、灯具、后花园和屋顶。

为了突显厨房的锡制天花板的古典气息，玛雅装上了三只吊灯，来自一家她最喜欢的位于纽约北部的古玩店。

再生木制台面上的陶制手形装饰原本是工厂的手套模具。

玛雅从幼年起就开始收集骨架。她在废弃的壁炉里摆放了一些，炉台是在纽约北区的一家古玩店找到的。咖啡桌原本是一个旧砂模，来自明尼苏达州的圣保罗的一家金属制造厂，她请人按大小割了一块玻璃并安在表面。

因为家中没有小孩，玛雅觉得开放式楼梯也很安全。楼梯口悬挂着一只在荷兰的旅行中买的水晶吊灯。

一只在巴厘岛买的鳄鱼板凳是另一个全球旅行的收获。

屋子里并没有专门的家庭办公室。玛雅把一张床架高，请当地木匠塞巴斯蒂安·特里恩（Sebastian Trienens）翻新店里的废木料，在床的正下方打造了这个小型凹室。

工作灯
〰〰〰〰〰〰〰
工作灯是在金属灯罩中的单只灯泡，原本是为了方便工人们在移动工作地点时随身携带。它们自带钩子，可以悬挂在任何表面。这里，玛雅把她的工作灯挂在古玩店发现的金属棒上。你可以在 eBay 和 1stdibs 网，以及出售灯具的商店如 Anthropologie 找到这些工作灯。

巧手装扮我家

一架旧消防梯连接着顶层阁楼客房和屋顶露台，玛雅的宠物猫格伦戴尔正趴在上面盯着我们。

<<< 建筑师制图桌可以轻易调整高度，在家中能胜任任何用途。在玛雅的餐厅里，制图桌边上围着几把来自跳骚市场的旧凳子。

<<< 办公角的"天花板"同时也是一张舒适的客床。帆布帘子简单地装在顶梁上，用来保证隐私。

为了在浴室里营造海滩气息，玛雅雇当地艺术家维斯顿·伍力（Weston Wolley）创作了这幅壁画，描绘她钟爱的海滩意象，比如马蹄蟹、珊瑚、贝壳和海星。

影绘艺术

描绘肖像的黑色轮廓的艺术可以追溯到远古时代，希腊人和伊特鲁里亚人用其装饰陶器。在没有摄影技术的年代，影绘艺术家们用此方法简单而快速地获得类似效果。奥古斯丁·艾杜亚特（Augustin Édouart，1789—1861），最知名的影绘艺术家之一，因在英国和美国创作的十万多幅影绘作品而广受赞誉。在 1750 年到 1850 年间的新古典主义年代，影绘因与古希腊的联系而盛行一时。

▲ 卧室中，仿古涂刷的墙面完美地衬托了这些中古和现代影绘肖像。

A 自学成才的画家崔西·格兰森住在这间俄勒冈小屋已经 12 年了，养着一只宠物狗帕布罗和两只宠物猫乔治亚和亚罗。崔西以描绘幻想人物闻名，她经常直接在木板上"刻画善恶交战和罗曼史等经典主题"。她同样将幻想和欢乐融入到了她的装潢和四处搜集来的小饰物里。她努力减少在家具和摆设上的花费，相对的，她花了很多时间让自己的家变得温暖、亲切。

客厅的沙发是在路边发现的，她用画作为交换请人重装了布面。

柔软的瑞士军队毛毯是让小猫打盹的好地方，同时可以防止磨损。深灰墙面（本杰明摩尔涂漆的铁山色，Iron Mountain by Benjamin Moore）完美地衬托了崔西的艺术品收藏，包括这幅波兰艺术家丹·尼斯（Dan Ness）的作品。

在厨房的一角，崔西在优雅的弧形桌脚上安上一块廉价的木板，制作了一张桌子。

你也可以在家制作这样的桌子，只需在旧货商店、跳骚市场、庭院售货、eBay 网、1stdibs 网上搜寻桌脚，再请当地木匠装上坚固的木制、金属或是大理石桌面即可。

≫≫ 丹麦矮柜上方，崔西钟爱的艺术品和物件占据了整个墙面，门廊因此而充满生气。一只中古木制布谷鸟钟、鲸鱼木雕、船舵钟置于其中。

艺术品不一定要位于正中心。橱柜周围的画作不规则地摆放着，为房间带来一些灵动。

A艾莉森·福克斯，奥斯汀艺术家兼设计师，她的丈夫德里克·德拉伊特经营着交互设计公司 Coloring Book Studio（美国），两人在这栋 20 世纪 40 年代的房子里已经住了五年多了。在家人和友人的帮助下，他们以很低的预算将厨房彻底翻新了一番，至此他们才觉得装修好了这个家。这个明亮而宽敞的空间正如一张"画布"，展示着阳刚与阴柔的完美平衡。

> 艾莉森的办公室里处处都是她热爱的主色调：她为红色的旧桌搭配了亮黄色的椅子。新旧结合也是她作品的风格：她运用古典画作的形式，同时赋予它们现代气息。

> 这对能干的夫妻以很少的预算亲自翻新了这个厨房兼餐厅的空间。他们在宜家找到了物美价廉的台面、橱柜、水槽。开放式的木架存放方式让这个空间显得十分宽敞，同时与屋子里的木制家具遥相呼应。

> 客厅中，绿色的教室黑板既是留言板，又成为不断变化的背景，衬托那些经常更换的画作。

> 他们的宠物斯塔奇身下的床是由德里克的兄弟布莱克·德拉伊特 (Blake Dollahite) 打造的。墙面刷成淡蓝灰色 (美国拉尔夫劳伦公司的香脂色，Balsams, by Ralph Lauren)。

经济实惠的翻新改造

艾莉森与我们分享以下经验。

开始之前：记得多量几次，一次切割成功，询问朋友如何减少花费，利用可以打造出奢华外观的便宜的建筑材料。

进行调查：在购买一件商品前，多逛逛商店，多看看商品吧！一点简单的调查可以节省大量金钱。我们非常想要一个乡村式水槽，但是大多数都要价 600 美元左右。接着我们去了宜家，发现了一个只要 225 美元的水槽！

选取建筑材料：不要只依赖高端家具商店。建筑材料外观优美、十分坚固，而且可以节省预算。厨房水槽上方的木架由名为 Microlam 的单板层积材制成，与胶合板相似，但是更加坚固。

列出优先级：从最想要的东西开始置办。有时候无法购置列在第二位的，这也是可以接受的。保证把日常生活离不开的家具放入预算。

长远考虑：两年后，你还将喜欢现在粉刷的橱柜颜色吗？如果你喜欢烹饪，台面能够经得住使用吗？最终，功能将超越设计潮流，不要置办你在几年后就会更换的家具。

询问朋友：从你欣赏的翻新改造项目的主人那儿获得材料来源和灵感。他们会向你推荐物美价廉的资源。

楼道上，棕色基调与鲜嫩的绿意相互映衬，呼应了屋子的主题：将户外气息带入室内。

P波特兰室内设计师杰西卡·黑格森（Jessica Helgerson）以自然环保的设计而闻名。拥有室内设计和环境设计双学位，她的震撼人心而又时尚的绿色项目广为公认，让她跻身美国家居杂志 *House Beautiful* 列出的美国顶尖青年设计师名单。她主导了凯利和阿里克西斯的波特兰错层式牧屋的全面翻新。在改造厨房和主浴室、重漆地板后，杰西卡运用大量的大地色，在室内融入自然的气息。为了合乎她的绿色理念，她确保所有的装潢都是中古旧货，可以重装布面、重上漆面。唯一的例外是一张美丽的枫木咖啡桌，出自她的丈夫——建筑师易安尼·杜里斯（Yianni Doulis）之手。

细颈大瓶

这些瓶子拥有大瓶身和短窄瓶颈，极具收藏价值。这些又称为大玻璃瓶的容器在 19 世纪颇为流行，用来运输存储液体，例如酒精和葡萄酒。颜色可以用来辨别年代，瓶子越新，颜色越绿。这个家中的欧式细颈大瓶拥有球状瓶身，而美式的则是圆柱形的。你可以在 eBay 网、1stdibs 网和全国各地的跳骚市场里找到常见的颜色——绿色和透明色。试试用转换装置将细颈大瓶改造成灯具，那些装置可以在多数灯具店和五金店找到。

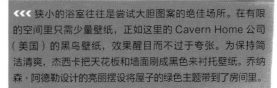

没有移除客厅原来的地板，杰西卡修补了这些木地板并刷成了乌木色。这张枫木咖啡桌由一块废弃的当地东部硬质枫木厚板制成。葡萄牙鳗鱼网悬挂在壁炉台上方，旧细颈大瓶中立着树枝，仿若活木。

狭小的浴室往往是尝试大胆图案的绝佳场所。在有限的空间里只需少量壁纸，正如这里的 Cavern Home 公司（美国）的黑鸟壁纸，效果醒目而不过于夸张。为保持简洁清爽，杰西卡把天花板和墙面刷成黑色来衬托壁纸。乔纳森·阿德勒设计的亮丽摆设将屋子的绿色主题带到了房间里。

Kirei 公司（美国）的木板，是一种极少挥发有机化合物的材料，以高粱茎回收制成，用来打造主浴室的橱柜。床后方的一长排棕色窗帘不仅保护了隐私，还成为了深色的背景，突显白色的木床。

在装潢房屋的时候，屋顶往往被人忽略。当他们看到以前主人用在天花板上的威廉·莫里斯（William Morris）的经典壁纸后，随之利用了它的中心图案，作为枝形吊灯的底座。

屋顶装饰

〜〜〜〜〜

不要忘了向上看！有时候那些意想不到的地方反而是运用大胆花样的最佳场所。这个天花板壁纸向我们充分展示了如何将一个容易忽视的地方变成视觉焦点。一种印花图案、壁纸或是简单的亮色涂漆就能为房间增添视觉趣味，却不过于纷乱。这也能让视线上移，让房间看起来更高！

M马特·卡尔，家居用品公司 Umbra（加拿大）的设计总监，与他的女友——艺术家乔伊斯·罗一同住在多伦多，她是 Drake 宾馆的附属商店——Drake General Store（加拿大）的主管。当他们在开放参观日看到这间他们未来的屋子时，他们被屋子里的工艺品、美术品深深折服——花纹壁纸似乎遍布到了每个平面。他们全身心地投入了大量改造工作，从重刷地板到将沉重的家具搬上楼梯都亲力亲为。最终，他们成功地在家中融合了他们对现代设计的热爱和传统装修的品位。

受咖啡桌脚的启发，马特为 U+（Umbra 家居装饰和家具的实验产品系列）设计了这些西班牙式书架并安置在客厅里，两边是一对喷涂成黑色的壁灯。巴黎式咖啡椅与粗犷的木桌、加拿大设计师贝弗·海瑟设计的多彩地毯形成很好的对比。

贝弗·海瑟的住宅详见第 68 页。

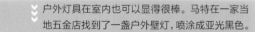

玻璃吊灯和旧地球仪等古典装饰十分别致，让这张宜家的床和嵌入式边桌显得比实际价格昂贵。

户外灯具在室内也可以显得很棒。马特在一家当地五金店找到了一盏户外壁灯，喷涂成亚光黑色。

一只来自巴黎跳蚤市场的狐狸木雕欢迎着马特和乔伊斯的访客。旧地图和枫木边桌都是在 Machine Age Modern（加拿大中古家具商店）购买的，它位于李斯利维尔，是他们最喜爱的一家商店。

第 188 页详细介绍了如何用旧地图制作收纳盒。

客厅成为了色彩和花样的聚会，以简洁的白色墙壁中和。醒目的花草窗帘是 Marimekko 公司（芬兰）的打折商品，地毯和椅子都来自 Anthropologie 品牌。房间中的主要家具都是如此亮丽，一张有机玻璃茶几让其他家具可以展现魅力。

P摄影师兼婚礼设计师乔伊·西格彭与丈夫泰勒、孩子们——利佛和奥斯文同住在这个色彩绚烂的家里。对她来说，这个家就是一个充满欢乐的休憩处，孩子们可以在这儿尽情奔跑、喧闹、玩耍，她与丈夫也可以放松身心。为了创造一个同时适合儿童和成人的空间，他们在客厅里和儿童卧室运用了非常大胆的色彩，为主卧室选择了偏中性的色调。

这瓶绚丽的花束的灵感来源于利佛的彩虹房间。

第 315 页详细介绍了如何在家中重现这一花艺。

彩虹般的渐变涂漆是赋予儿童卧室活力和动感的绝佳方式。乔伊用了 Sherwin Williams 建材公司（美国）的七种涂料来营造了彩虹效果。颜色从上到下分别是：活力黄色（Lively yellow），乐观黄色（Optimistic Yellow），夹竹桃色（Oleander），魅力橙色（Charisma），秋海棠色（Begonia），跃动红色（Dynamo）以及河道蓝色（Aquaduct）。为了获得渐变的条纹效果，乔伊用一把干净的刷子刷过下面一层未干的涂漆，盖过上方的颜色，使涂料融合起来。

奥斯文的房间中，奇妙的室内棕榈树和壁饰最引人注目，而壁饰中的蓝色是他最喜爱的颜色。为了获得更多的空间，乔伊移去了衣柜门，将他的柜子搬了进去。狭小的房间往往能因移除柜门而获益不少。开放式的衣柜可以展示内部多彩的壁纸，也可以简单地用布帘遮蔽起来，这样既比柜门更省空间，又可以遮掩待洗的衣物和挂着的衣服。

当其他房间充满了醒目的色彩和图案时，一个平静的中性色调能够让人耳目一新。与其他房间的鲜亮的色彩不同，乔伊和泰勒祥和的卧室成为了平静的休憩处。

苏珊和威廉的风格就是对比：黑与白、明与暗、新与旧、阳刚与阴柔、淳朴与现代相对照。

不过比起其他房间，他们的卧室更加女性化、更加柔和。很多家具是中古品或是从祖上传下来的，比如他们的床头板原本是属于威廉祖父母的。

A 艺术总监苏珊·布林森和她的丈夫——商业摄影师威廉·布林森是一对高中恋人。他们在威廉的 16 岁生日聚会上一见倾心，很快就变得形影不离，一起进入萨瓦纳艺术设计学院学习。毕业后他们来到了纽约，共度了十年光阴。随后在 2009 年搬入了位于曼哈顿的诺麦迪地区（即麦迪逊广场花园的北部）的新家，他们花了数月将这个 2000 平方英尺的空间改造成苏珊的文具工作室 Studio Brinson（美国）和威廉的摄影工作室。夫妻两人很喜欢款待客人，你可以经常看到朋友和客户围在家中的大餐桌旁。

这个中古三斗梳妆柜是另一个在萨瓦纳的收获，上面摆放着收集自苏珊的祖母、母亲、阿姨和朋友的茶杯。

<<< 一个在萨瓦纳购买的雕饰衣柜存放着两人的衣物。这些鹿角和古旧物品，比如鸟笼和金属风扇，不仅成为房间的装饰，也是威廉摄影时的有趣饰品。

苏珊在卧室中设置了一个座椅区域，这样她就可以在威廉进行摄影工作时有一个私密的休息场所。

这片用于刀具制作的金属废片挂在他们的厨房墙上。

明亮的白色墙壁和大窗户让摄影时主要运用自然光线的威廉可以利用他们房屋的任何一角作为照片背景。

餐厅处的灯具是苏珊和威廉自己动手打造的 DIY 作品。它的灯泡多达 100 个，但他们决定只给其中 10 个灯泡通上电，与未通电的灯泡形成明暗对比。夫妻两人在这个长餐桌边与客户商谈、与朋友共用晚餐时，非常享受玻璃灯泡反射光线的效果。桌子边的座椅是一组经典的索奈特弯木椅。

索奈特木椅

经典的弯木椅，又称为 14 号座椅，由迈克尔·索奈特（Michael Thonet）于 1859 年设计，有力地回应了 19 世纪中期的过于复杂的木椅生产方法。只需六个部件，索奈特就打造了这个精巧而简约的椅子，在高端和低端市场立即成为经典。

巧手装扮我家

苏珊和威廉打造了一个宽敞、开放的厨房，这是因为威廉常常拍摄食物，需要明亮而宽敞的空间。

他们混搭了便宜的台面、橱柜、宜家水槽与中古灯具，还有一张案桌，是他们在美国和加拿大收集旧货的旅途中发现的。为了营造古旧和磨损的效果，两人贴上了浮饰壁纸，并刷上黑色的高光泽户外涂漆。

中古四柱床被布里妮刷成亮
珊瑚色，在淡灰色墙壁的衬
托下显得十分亮丽。 床头
柜上方挂着一组填图画。

通俗艺术
〜〜〜〜〜〜〜

你收集丝绒画吗？ 喜欢花园
精灵吗？ 不要拒绝自己对通
俗艺术的热爱。 看看布里
妮和她的填图画，试试把自
己的古怪收藏展示出来。 小
物件可以用玻璃框罩（见第
174 页）或小型壁架来陈列，
比如皮·杰·梅海菲打造的。

翻到第 13 页看看效果有
多棒！

A作为 *Martha Stewart Weddings* 杂志（美国）的时尚专家，布里妮·伍德一直很忙碌。
因此她在位于纽约切尔西地区的公寓里摆满了她钟爱的事物，将它打造成一个休
憩所。 她的家就像一个珠宝盒，珍藏着旅行的记忆、亲爱之人的礼物以及各种奇
妙的收藏。

客厅中摆满了布里妮的珍藏，如比约恩·温布拉（Bjørn Wiinblad）的画作和祖母收藏的矿石标本。为沙发重装双色布面可以为旧家具增添生气，正如布里妮为昂贵的比利·鲍德温（Billy Baldwin）设计的沙发所做的一样。折叠小桌来自宜家，有客人时可以展开成为餐桌。

来自意大利佛罗伦萨的古典书桌安放在客厅的窗下，从这儿可以眺望邻居的烟囱，就像在电影《欢乐满人间》（Mary Poppins）中一样。

◀◀◀ 精致的镀金外框中的旧式影绘与门廊的经典蓝白条纹对比强烈。

布里妮在古典竹制橱柜中展示了她最喜爱的书籍、陶器、乳白玻璃等藏品，打造了自己的珍品柜。

客厅中的粉白相间的条纹地毯让房间显得比实际更宽。

墙上的头盖骨是一个老朋友在沙漠旅行中发现的。

室内设计师詹妮弗·巴拉特住在一间上世纪 50 年代的多彩小屋里。在印第安纳波利斯，她经营着一家设计公司 The Arranger（美国），创设灵感源于她对各类风格的热爱和将它们融洽搭配的本领。詹妮弗善于组合家具，她在这个 1700 平方英尺的家中将所有艺术品、摆饰和家具巧妙地搭配摆放起来。她喜欢款待客人，因此她经常邀请家人和朋友在家中举办小型聚会。

客厅以粉红色和红色为基调，摆放了古典家具、灯具和复古装饰，比如这个 Anthropologie 品牌的灯罩。

<<< 一对古典金椅为厨房的吧台增添了魅力。豹纹坐垫让座椅变得更舒适。

▼ 詹妮弗的粉红色卧室珍藏着她最爱的中古物件，例如床上方的圣像画。尽管房间中有许多图案花纹，但是它们有共同的色调，因此能轻易地营造整体感。

▼ 詹妮弗在其他房间中运用了大胆的色彩和图案，却为浴室选择了更加细腻的色调。她让亚麻窗帘和浴帘与其他金色装饰细节相互呼应，比如高处的金色圆点和马桶上方的金色外框。

自制窗上用品

苦于对付小窗户和新式窗户？有时候定制或是自制窗上用品是最实用的选择。试试自己剪裁布料，缝上边缘，简单地挂在拉杆上，做成一个简易窗帘。你可以在边缘粘上彩色缎带，也可以在底部加上轮廓或装饰纹理。如果你有一个标准型号的窗户，你可以在一些类似宜家的商店购买便宜的长帘，以模版印花或熨烫转印进行改造。

来自 Interiors Europe 公司（英国）的标志壁纸突显了玄关处高悬的天花板。

来自法国的跳骚市场的小狗刺绣为门廊带来了更多趣味。

K 凯西·戴乌是一位英国雕塑家兼设计师，涉及混凝土雕塑、石膏横饰带、混凝土瓮状雕塑等领域。多年来，她一直在和丈夫——艺术家贾斯汀·莫蒂默（Justin Mortimer）共同收集艺术品、中古摆设和古旧织物来点缀位于伦敦女王公园地区的 19 世纪住宅。白色墙壁和灰色地板的简约装饰让原有的建筑结构和他们四处搜集的收藏能够彰显魅力。

卧室中，整面墙从地板到天花板都挂满了从跳骚市场、废品店、旧货商店淘到的各式画作。

多彩的印花寝具与墙上挂画的缤纷色彩相互照应。

◀◀◀ 这个美妙的19世纪维多利亚风格折叠屏风是凯西在英国乡村的一个旧货商店发现的。有时美好的中古家具被留在旧货商店里，因为它们需要一些呵护和修理。凯西发现了它以后，先请专业人士为它清洁了外框和屏风画，随后搬回家中。

🔻 凯西收集中古刺绣，它们既可以作为艺术品陈列，又可以当作靠垫和椅子布面。

🔻 舒适的灰色沙发上放着各色靠垫。一个中古黄铜乐谱架上展示着这幅古旧的鲜花画作。

刺绣油画

刺绣工艺已有数千年历史。绣于帆布上的刺绣则称为刺绣油画，原本用来修复昂贵的壁毯。这种技艺在殖民时期的美国尤为流行，广泛用于作画、各种家具布面、时尚饰物。为了展示自己娴熟的刺绣技术，年轻的女孩儿往往会制作样品。现在这些样品成为了很受欢迎的收藏品，经常在 eBay、1stdibs 和 Craigslist 分类信息网上出售。房产销售也是寻找样品的好场所，它们在别人的家中被保存得很好。

莱斯利在客厅墙壁的一角层层堆叠了她收集的肖像画。这些都是她在欧洲各处的跳骚市场一一收集回来的。

美国设计师莱斯利·奥舒曼热衷于整修旧家具、为它们赋予新生命。5 岁时，她就开始帮她的土生土长于荷兰的父亲做木匠活，后来她将这些技术带到了她曾工作过的康兰（Conran）创立的 Habitat 公司和之后在 Anthropologie 的视觉总监工作。离开零售业后，她来到了欧洲，创立她自己的品牌 Swarm。在小狗的陪伴下，她在阿姆斯特丹安顿下来，建立了工作室。她从跳骚市场和街上收集旧家具并在家中和工作室中重整翻新。她在周围摆放着自己修复的作品，在家中倾注了对荷兰设计和手工制品的热爱。

莱斯利的宠物狗麦德福正闲坐着，边上是一把她在垃圾桶边发现的索奈特椅子。她非常喜欢椅子上的层层涂漆，因此保留了它的原样。她在客厅摆了一张实验室的金属桌，令人出乎意料。

莱斯利精心布置卧室，尽量保持简约干净，依靠不同材料质地获得视觉趣味。"在这里没有过多的感官信息，可以让我的眼睛休息一下。"床边小桌上的台灯包裹着中性色布料，因此台灯的质感和造型可以更好地融入房间的其他色彩。

明亮的一角混搭着三件莱斯利的作品。她用喷涂手法为这个德国橡木餐柜改头换面。椅子上加装了中古刺绣饰面，上方的壁饰原本是因阳光逐渐褪色的丝绒窗帘。

一根木条和一些夹子就打造了一个简单的画廊，用来展示莱斯利的画作，而且易于替换。

艺术品展示

艺术品不一定要装裱悬挂。如果你有一些收藏，并且不介意把它们暴露在外，你可以考虑以下几个实惠的摆放建议。

泡沫板和壁架：试着用喷胶将画作粘到泡沫板、木板或是硬卡片上，加固你的画作收藏，随后将它们摆在壁架上。这样可以让你轻易移走它们，而且不会弯折，因为底部有坚固支撑。

细线和夹子：因为小型画作和小摆设经常被移动到屋子的各处，所以你也可以试试用鱼线、金属线和夹子来陈列这类收藏。

大钢夹和钉子：试试在跳骚市场和古玩店寻找外观独特的金属夹。只需在墙上多敲几个钉子，挂上这些夹子，夹上钟爱的印画即可。

写字板：你可以购买大型写字板或宽至 19 英尺的艺术写生板，用来夹住更大的艺术品和纸张。它们既可悬挂在墙上，又可靠在墙边。

林赛和菲茨休利用房屋高
挑的天花板打造了一个客
房，可以从客厅的书橱梯
子进入那里。屋顶的横梁
显露在外，成为改建过程
留下的建筑细节。

J珠宝设计师林赛·卡雷奥和木匠兼雕塑家菲茨休·卡罗尔是在罗德岛设计学院读研究生时相识的。完成学业后，他们搬到纽约开创设计公司——The Brooklyn Home Company，涉及房地产开发、设计以及建筑咨询。林赛和菲茨休在公园斜坡区发现这栋经典的褐沙石建筑后十分激动。这栋房屋拥有完美的结构，但需要更多的采光和空间来存放东西、接待客人，于是他们开始彻底翻新，充分利用这个 55×20 英尺的空间，构造出简洁、开放的布局，还留下了四层中的三层用来出租。林赛解释道："这过程就像是在解谜题，关键就在于找到最适合的空间组合。"他们充分利用了每个角落，最后的成果就是这栋洒满阳光的现代住宅。

从台面延伸到天花板的开放式壁架充分利用了房子的高度，最大限度地拓展了烹饪和准备食材的空间。

一张定制的木制案桌内置着摆放刀具的狭槽，同时也可以让他们在厨房随意地用餐。

从厨房到客厅和用餐区的开放式布局创造了清爽的流畅感。

白色墙面和木质装饰的温暖基调让整个空间显得和谐统一。

一块地毯清楚地限定了座椅区域，与其他区域划出界限。壁炉上方的白色木制壁雕是菲茨休打造的。印度沙发椅是林赛在旧货市场发现的廉价家具。

林赛花了好几个星期在 eBay 网上寻找用于浴室的谷仓门，最终在菲茨休位于新罕布什尔州的家庭农场后面的牧羊场找到了一扇合适的。林赛十分喜爱门上风化的痕迹和它为房间带来的暖意。

巧手装扮我家

通过底层客厅的窗户可以看到后院的一角。这套沙发是林赛和菲茨休用房子的横梁和双人床垫组合而成的，也可以作为客床。宠物狗奥利弗闲坐在一对菲茨休打造的木雕边上。

护墙板

护墙板是一种装饰性木制嵌板，通常嵌于墙壁的下半部分。护墙板源于 16 世纪的英国，用来防止墙面受潮。而现在不论是用于墙壁、屋顶、地板，还是用于开放式壁架的背面和家具表面，使用护墙板都是为了赋予房间个性，增加装饰细节。

林赛在设计客房时模拟了船舱。床下的储藏抽屉出自菲茨休之手。为了节省灯具费用，这对灯是打折购买的商店展品，被安装在床上方。白色护墙板覆盖了整个墙面和天花板。

人物
格雷汉姆·
阿金斯–休斯
（Graham Atkins–Hughes）

〜〜〜〜〜

地点
英国，伦敦

一盏迈克尔·索德乌（Michael Sodeau）设计的柳条灯和一条钩针披肩为客厅的一角带来丝丝暖意。

添加自然材质，比如柳条和皮革，能为房间增添深度，同时带来视觉趣味。

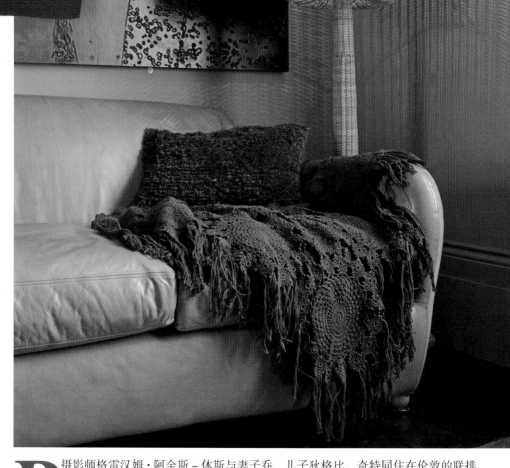

P 摄影师格雷汉姆·阿金斯–休斯与妻子乔，儿子狄格比、奇特同住在伦敦的联排房屋中。他们在全面翻新房屋时经历了很多困难，比如在冬天没有暖气，整修厨房时只能吃外带食物。"当我想起我们的家时，就会想起那些辛苦，当然现在我们也还在花心思改造，"格雷汉姆说道，"但是这个家最终也以两倍、三倍的成果回报了我们。"

占据一整面墙的蓝色柜门既遮盖了收纳空间，又为卧室带来明亮的色彩。

受维纳·潘顿（Verner Panton）设计的经典灯具启发，夫妻两人亲自动手串起镜贝，创造了这盏独一无二的吊灯。

厨房改造

格雷汉姆与所有正在改造厨房的人分享以下建议。

考虑功用： 想想你平时如何使用厨房，设计多余的水槽、更低的台面或内置的刀座。

忠于自我： 比如说，如果你不能让餐盘始终保持干干净净、井井有条，那就不要仅仅因为喜欢外观而选择开放式木架。考虑真实的生活场景才是最理智的。

考虑布局： 如果你喜欢边烹饪边招待客人，那么考虑一下开放式布局，你可以同时烹饪、任意走动、和客人交谈。

寻找灵感： 大多数人只在厨房或家居杂志上寻找设计方案，但是如果你平时保持关注，你也许可以在出乎意料的地方找到色彩、设计、装饰的灵感，例如机场、餐馆、美术馆、火车站都能提供从瓷砖到房间布局等各方面的灵感。

‹‹‹ 格雷汉姆和乔倾心于家中的大理石壁炉，于是他们决定将上方的墙面留白，只摆放一组花瓶，突出它的造型之美。炉台左侧的中古镀铬台灯是在意大利的旅途中购买的。

楼梯口悬挂一盏在肯顿市场偶然发现的中古玻璃吊灯。吊灯的鲜亮色彩在灰色基调的衬托下十分突出，同时增添亮色。

运用互补色调，两人为整修后的厨房选择了橄榄绿色的墙面，搭配以红色橱柜。

一幅巨型中古蜜蜂印画让狭长的墙壁在比例上与客厅更加相称。

中古科教图表

〜〜〜〜〜〜〜〜〜〜〜

原本张贴于教室的中古科教图表（就像莫莉的蜜蜂画）现在被当作时尚壁饰而收藏。你可以在在线拍卖网站上用关键词搜索，如"德国科教图表"（scientific German educational charts）、"植物学图表"（botanical charts）和"中古教育海报"（vintage educational posters）"。如果没有搜到中古的，可以看看复制品——Evolution Nature Store（美国，*www.theevolutionstore.com*）等商店销售原版德国科教图表的精美复制品。

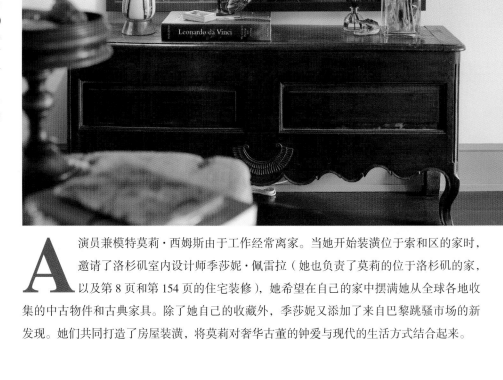

A演员兼模特莫莉·西姆斯由于工作经常离家。当她开始装潢位于索和区的家时，邀请了洛杉矶室内设计师季莎妮·佩雷拉（她也负责了莫莉的位于洛杉矶的家，以及第 8 页和第 154 页的住宅装修），她希望在自己的家中摆满她从全球各地收集的中古物件和古典家具。除了她自己的收藏外，季莎妮又添加了来自巴黎跳蚤市场的新发现。她们共同打造了房屋装潢，将莫莉对奢华古董的钟爱与现代的生活方式结合起来。

运用经典的奶黄色和灰色的基调，季莎妮在卧室里混搭了大量花纹，比如床头板的锦缎布面来自 Christopher Hyland 公司（美国），以及 Romo 公司（英国）的蛋白石色拉萨丽壁纸。

<<< 厨房中处处都是来自巴黎跳蚤市场的摆设，包括古典法国吊灯、植物图片、用 Scalamandré（美国）公司的圆点花样布料做饰面的凳子。

<<< 优雅的灰色基调延伸到了客厅，华丽的古典枝形吊灯为它带来熠熠灯光。内置灰色木架像陈列艺术品一样衬托着置于其中的摆设。

季莎妮在起居区域中搭配了不同的灰色色彩和材质。天鹅绒让灰色显得温暖而奢华，而非冰冷和廉价。

人物
艾玛·卡西
（Emma Cassi）

~~~~~~~~~~

地点
英国，伦敦

艾玛的工作室中混搭了新旧物件。

她用一个蕾丝自行车塑料篮来装文件，一个古典多屉橱柜存放办公室用具。轻薄的线帘带来了隐私，而未夺走光线。

I 2005 年，设计师艾玛·卡西和丈夫波特兰、儿子安顿在伦敦的里士满公园地区寻找房子。当她看到这栋房屋时，就知道这将是他们未来的家了。"我喜欢明亮宽敞的客厅，"她说道，"我知道在儿子待在幼儿园时，这里很适合工作。"通过混合不同的柔和色彩，艾玛得以用她喜爱的花纹和材质装饰她的家，同时仍能创造一个安宁的空间让家人放松。

若是床头板显得过于沉重，可以改为模拟一个。

Cath Kidston 公司（英国）的壁纸巧妙地代替了床头板，与炉台和架子上的粉色陶瓷杯、雕饰相呼应。第 69 页展示了另一个模拟床头板的方法。

> 舒适的厨房一角装饰着罗兰爱思品牌（Laura Ashley，英国）的窗帘和一张古旧木桌。家庭照片以相同高度摆在墙上，成为壁饰点缀。

客厅壁炉上摆放着优雅的中古摆设和水银玻璃烛台。加上一组旧盘子后，这些装饰既显得和谐统一，又融入了房间的既有装饰风格。

水银玻璃

这种美丽的反光材料的名字其实只是误称。尽管单质汞用于镜子制作，但是因为昂贵的价格和毒性，不适合做餐具。而水银玻璃就是镀银玻璃。镀银是一项 19 世纪的工艺，先将透明玻璃吹成两层，再填入银溶液完成。

莎拉的起居室兼更衣室在午后的阳光下变得更加绚目。尽管有些人不敢使用这个颜色，莎拉还是随兴地选择了威士伯涂漆（Valspar，美国）的沙漠玫瑰色（Desert Rose）。最后的成果令她十分满意。

Design * Sponge 的贡献者莎拉·莱哈嫩是我最欣赏的布鲁克林的花艺师之一。她每月为网站撰写园艺花卉专栏"园艺文摘"。除了这一工作，她还为婚礼和各种活动提供摆饰，经营她位于红钩地区的肥皂兼花艺零售店——Saipua。紧邻 Saipua 的就是她的家，她在家里装饰着钟爱的古典家具，还把店里的植物搬了过来。

卧室衣橱因架子过窄而被废弃。现在当作床头柜，用来摆放一幅旧画作和一些小物件。

‹‹‹ 中古摆件点缀着莎拉的梳妆柜，上方的画作装饰着浓珊瑚色的墙面。

‹‹‹ 如果橱柜空间有限，可以置办一件精美的家具收纳日常衣物。这件古典木制梳妆柜和镜子成为莎拉的开放式衣橱的一部分，为房间增添一抹暖意。

厨房是莎拉招待朋友时最喜欢的场所。台面上放着的自制康普茶罐向砧板投下优美的琥珀色光线。

嵌有镜面的台灯提亮了深色
的卧室空间。

D 戴夫·纽克喜欢用他从异域旅途带回来的独特饰物来装饰他极具现代风格的家。为了在自己家中营造相同的氛围，戴夫开始在国外旅途中收集藏品。与室内设计师季莎妮·佩雷拉一起合作，他在家中倾注了对英国和法国古董的热爱，搭配以他在空闲时间从当地市场收集的小物件，最终打造了一个充满了回忆和故事的家。

通过加入自然元素，比如这里的原木炉台和藤椅，客厅多了一份温暖和质感。

▼▼ 戴夫的主卧室中的绿色延伸到了客房，与亮丽的橙色靠垫形成对比。

▼▼ 无需大量花费，本杰明摩尔涂漆的深海军色（Benjamin Moore's Hale Navy）赋予了客卧浴室一抹奢华。一块定制的扎染浴帘成为另一抹点缀。

陈列收藏品

设计师季莎妮·佩雷拉与我们分享收集不同的纪念品时的经验。"我经常把毫不相关的事物放在一起，营造多元化、全球化的格调。为了让它们看上去很随意，我从每种风格中各挑一件，确保它们拥有相同特质。颜色通常是最简单的主题，但是一个具体的细节也能联系不同的收藏品，你可以将一个巴黎的古典花瓶、一幅印度的旧画和一只叙利亚的古董盒搭配在一起，只要它们有共同的元素，比如它们的淡黄颜色或是黄铜部分。"

奶黄色墙面带出了蓝色瓷砖的温暖，让闲置的壁炉不会显得过于空旷、冰冷。

L露西·艾伦·吉利斯与丈夫吉姆、宠物狗朱恩和米罗花了三年时间修整位于佐治亚州阿森斯的家。由于预算不多，他们用现成家具、二手家具和家传古董装饰这里。他们希望打造一个既与众不同又温暖舒适、既意义非凡又易于改造的屋子，当然最重要的是令人愉快。

客厅中装饰着全家人在缅因州度假时发现的中古品，包括这些古旧的肖像画和这张彩色地毯。

没有为肖像画装框，露西决定就这样展示它们卷起的美妙边缘。

<<< 客厅中，一把古典扶手椅用现代的圆点图案做布面，与其他中性色和经典家具造型形成了很好的对照。

一对古董木床（从露西的母亲处借来）被安放在淡蓝色的客房中。飞鸟的装裱画带来一丝轻盈感，融入房间的轻柔色调。

K₂LD Design 工作室与谭素林、奥科共同创造了一个空旷的起居室，最大程度地利用了自然光线。

这个双层空间中，一盏来自Autoban 公司（土耳其）的奇特的红色章鱼爪形吊灯悬挂在占据整面墙的书架边。

S新加坡博客作者奥科和素林撰写着一个知名美食博客 Chubby Hubby，记录着他们对美食和设计的热爱和他们的婚姻生活。夫妻两人还经营着一家生活咨询公司，涉及餐馆经营发展领域。他们的住宅令人称羡，从亮红色的大门到先锋前卫的厨房，处处都是值得借鉴的优秀设计。

一扇亮红的大门欢迎着来客，让屋子的外墙砖块显得更加温暖。一个铸铁狮头门铃来自遥远的意大利威尼斯。

奥科和素林的亮红色大门成为这一红色花艺的原型。

第 312 页详细介绍了如何重现这一花卉摆设。

<<< 通过混搭风格各异的椅子、灯具和餐桌，奥科和素林打造了一个多样化而又现代化的餐厅。

<<< 在设计厨房时，他们考虑了使用这个空间的实际情况。因为他们都喜爱烹饪，一起准备三餐，他们设计了一个可以让两人惬意地并肩或是面对面烹饪的厨房。

卧室中，折叠桌边是一把古典法国椅子，由素林的兄弟所赠。

镜面家具能够反射房中的光
线，带来奢华之感。

萨曼莎的镜面桌价廉物美，来
自 Target 百货（美国）。后方
是一对中古大门，是她在奥斯
丁的 Four Hands Furniture
家具店中最满意的收获。

D 设计师萨曼莎·瑞梅耶来自 style/SWOON，一个室内设计工作室兼博客。她住在
达拉斯市中心的时尚公寓里。它既散发着优雅的魅力，又有淳朴的细节，总是能
给人带来惊喜。她对古玩的热爱使得家中摆满了特别的家具，让她回忆起走遍德
克萨斯州的冒险旅途。

一对印度人鱼女神黄铜把手来自德州麦肯尼的古玩店，装饰着卧室的衣橱，让这个日常空间显得更加别致。

> 从床上方的一对鹿角到条纹天花板上的白色吊灯，客房中的装饰都是来自当地古董店的发现。

> 为了在卧室中创造更多存储空间，萨曼莎在躺椅下方设计了隐藏书架，摆放书籍杂志。

厨房中，屋顶覆盖着在后院搁置了六个月之久的木板，萨曼莎喜欢它风化的痕迹。房间后方的一面黑板墙很适合用来列杂货单。

门廊处的这组置物架是莫根亲手用黑色管子组合的。一块醒目的基里姆地毯为这个空间带来丰富的色彩。

F博客 The Brick House 的撰写人莫根·萨特菲尔德花了两年时间以很少的预算翻新了她的第一间房子。在男朋友杰瑞米的帮助下，房间的装潢几乎都来自旧货商店、物物交换和跳蚤市场。带着挑选家具的好眼光和 DIY 的精神，莫根营造了一个美妙的现代住宅，既忠于她的风格，又符合她的预算。

莫根将客厅壁炉刷成了黑色，成为衬托现代艺术品的中性背景。一把在当地旧货商店的蝴蝶椅装上皮革椅面以后显得更加豪华。

蝴蝶椅

由乔治·费拉里·哈尔德（Jorge Ferrari Hardoy）于 1938 年设计，蝴蝶椅现在成为了大学宿舍的标准配置。1947 年，Knoll 公司买下了它在美国的生产权，立刻大获成功，之后仿制品大量出现充斥市场。Knoll 公司的专利权被侵犯后，从生产线上将其撤下，于是任何厂商都有权生产这一产品了。仅在 20 世纪 50 年代蝴蝶椅就生产了五百多万把。

△ 一张矮床和嵌入式床头柜在视觉上增加了卧室的宽度。一幅中古挂画、一条古旧床被和其他宜家寝具给房间增添了色彩。

<<< 莫根在长滩的跳蚤市场以物易物换到了这个架子，还在旧货商店发现了这些玻璃梨和凳子，每个都不超过 10 美元。房间的绿色点缀带来了清新感。

正如其他房间一样，餐厅也展现了莫根在 eBay 网和旧货市场发现佳品的天赋。

桌椅都是中古旧货，柜子是在长滩的跳蚤市场换来的。

客厅中，醒目的橙色墙壁（本杰明摩尔涂漆的奔放橙色，Benjamin Moore's Outrageous Orange）突显了博·卡德维斯（Po Cadovius）设计的组合壁橱。

父母送的菲律宾藤椅与房间中的其他木质装饰相互映衬。

D设计师兼作家梅格·马蒂欧·伊拉斯戈的工作非常繁忙。她是多本畅销手工艺书籍的作者，经营着一家网络设计样品销售公司 Modern Economy（美国），还出品"马蒂欧·伊拉斯戈"文具礼品系列。她和丈夫马尔文有两个孩子——劳琳和迈尔斯。

作为菲律宾后裔，梅格觉得他们加利福尼亚的家是古典、现代、民族风情的结合，是向上世纪70年代的致敬。"它展现了我们的个性、爱好和文化，我们很喜欢这一点。"

卧室中，梅格用 Ferm Living 公司（丹麦）的罗纹壁纸装饰了一面墙壁。梅格自己设计的枕头与木柜的红色相呼应。

梅格在餐厅使用互补色，例如蓝色和橙色，创造了一个明亮而和谐的基调。

淡灰色壁纸因木质洗漱柜和镜子获得了暖意。不满意于市面上的现成洗漱柜，梅格和马尔文将一个从 Craigslist 分类信息网找到的水槽、一个旧木柜和细桌角组合起来（来自 www.hairpinlegs.com ）。

家中的文化元素

梅格是 *Crafting a Meaningful Home* 一书的作者，介绍如何将自己文化、家庭的元素融入家中。她与我们分享这些心得。

不要害怕混搭当代家具和有文化或民族色彩的家具。比如，在卧室中，梅格用艺术家莎拉·帕洛玛（Sara Paloma）设计的陶器搭配一个菲律宾部落风水壶。这个组合出乎意料，却又相映成趣。

你可以用不显眼的形式将自己的文化带入家中，例如有文化特色的材质、工艺。它不必十分醒目、引人注意。只要对你有特殊意义，那就是最重要的。

不必以原样保留有文化色彩的物品。如果它不适合家中的装饰风格，只要不是传家宝，你可以试试喷涂上其他颜色。你也可以用其他材质展示民间艺术。

游戏室中，温暖的金棕色墙面将多彩的挂饰和来自 Urban Outfitters 公司的地毯联系起来。

人物

特蕾西和
比尔·弗莱明
（Traci & Bill Fleming）

地点

加利福尼亚州，
洛杉矶

铅灰色外墙用亮黄色大门点
缀，为前廊带来现代感。

灰黄色基调从屋外延伸到了
屋内。

特蕾西是 Nursery Works 家居设计公司的创建者兼总裁，她和丈夫——律师比尔·弗莱明是两个孩子的父母，他们在装修这栋新购置的拥有 100 年历史的工匠小屋时目标明确。他们请来了 House of Honey 公司（美国）的洛杉矶设计师塔玛拉·凯伊－哈尼（Tamara Kaye-Honey）装点这个空间，打造一个适合年轻家庭的现代而舒适的家具和色彩主题。不希望花费过多，特蕾西、比尔和塔玛拉一起翻新修复了现有家具和艺术品，将旧家具搭配以实惠的新家具。

在玫瑰碗跳骚市场发现的夺人眼球的中古孔雀装饰着工作室的外墙，挂在经典的荷兰式大门两边（更多关于荷兰式大门的内容详见第105页）。

特蕾西的书房中的淡蓝色和淡黄色与门廊的灰黄基调遥相呼应。重新上色的中古屏风来自跳骚市场，现在用来悬挂布料样品。

特蕾西为女儿的卧室挑选的粉红色和珊瑚色主题能够让她在成长的过程中变得成熟。床的两侧挂着上世纪60年代的慕拉诺岛玻璃吊灯，与两个中古床头柜共同为房间带来平衡感。

儿童房

优秀的设计和儿童房不需要在风格上互相妥协。孩子的房间应该既有实用性（大量封闭式存储空间），又有趣味（比如艺术品），还要足够成熟，让孩子与房间一起成长。对我来说，儿童房作为其他房间的延伸最能体现房子的整体设计。先从一件别致的物件开始，以它为灵感布置一间房间，这对大人和孩子来说都是激动人心的。让孩子收集艺术品和特别的摆件，既尊重了他们的空间，又能让他们爱上周围的装饰。这也是让我们了解如何从室内布置中获得灵感的好机会。

为了给厨房的阅读角增添色彩，米歇莉用印度莎丽布自制了窗帘。

A 米歇莉·瓦里安是纽约设计师兼店主，丈夫是 Crash Test Dummies 乐队的布拉德·罗伯茨（Brad Roberts），两人住在索和区的一间宽敞的顶楼公寓。经过无数次的变更和改造，他们在市中心的家中住得无比舒心。米歇莉最满意的是每一件家具都有自己的故事。她解释道："每当我工作结束回到家时，都觉得进入了另一个时空。"靠着她纯熟的摆设技巧，米歇莉展示了无数艺术品和收藏品，连接过去和现在。她拥有在同一空间里结合古典和当代家具摆饰的才华，公寓也因此获得了独特的现代气息。

米歇莉用陈旧的捕蝇玻璃瓶在房间与厨房间打造了一个垂"帘"。

捕蝇玻璃瓶

这些玻璃瓶曾是用来捉苍蝇的标准工具。在瓶中放入糖水以吸引苍蝇，它一旦飞入，就再也无法出来了。早期的捕蝇瓶是手工吹制而成的，让这个过去的实用工具成为美丽的收藏品。

<<< 一台脚踏缝纫机底座装上了Herman Miller公司（美国）的桌面，成为了一张餐桌。内莎·克罗斯兰（Neisha Crosland）设计的壁纸、Woodard公司（美国）的铁线椅和鸭子标本为用餐区营造了深沉而成熟的氛围。

<<< 客厅的置物架由米歇莉将花旗松木打磨上色而成。接近架子顶部放着一个犰狳，米歇莉从底特律的旧货店将它一路搬到家里。

卧室门边的旧黄色梳妆柜是在布鲁克林的公园斜坡区的街上发现的。

为了让光线照入，米歇莉和布拉德在屋顶附近用廉价的加热格栅打造了一个装饰嵌板。

人物
莎伊－阿什利·欧梅茨和
杰弗·巴夫特
（Shay-Ashley Ometz & Jeff Barfoot）

地点
德克萨斯州，达拉斯

莎伊的平面设计师丈夫钟爱海报和丝网印花，而她则热爱艺术品和零碎小摆设。在门廊处，他们各退一步，分别摆上了莎伊喜爱的小件古玩和杰弗的印刷品。

S 从 2006 年开始，Fossil 公司（美国）的资深艺术总监莎伊－阿什利·欧梅茨住在这栋上世纪中期建造的屋子里。和艺术家丈夫杰弗，孩子卡尔德、米罗住在一起，她既保留了房子的原有特征，又让这个空间的每个角落充满惊喜。无论是多彩的折叠桌还是随兴的玩具和短时收藏，莎伊和杰弗打造了一个亲切而有趣的家。

绘有章鱼图案的明亮大门欢迎着访客来到两人家中的丝网印刷工作室。

客厅墙壁漆成了活泼的蓝绿色（贝尔涂漆的海洋色，Sealife, by Behr），与中古索引柜抽屉上的蓝纸片相互映衬。

在 eBay 网上发现的折叠桌面呼应着 Flor 公司（美国）出产的彩色条纹地毯。

自制折叠桌

折叠桌对喜欢边进餐边观看电视节目的人来说必不可少。不幸的是，针对这一需求设计的折叠桌很少。与其扔掉你喜爱的折叠桌，还不如赋予它们现代化的新貌。只需把你喜欢的墙纸和包装纸裁成所需大小，用喷胶粘到桌面，就能快速而简单地获得新外观。用 Mod Podge 品牌（美国品牌，以无酸胶水著名）的工艺胶涂上一层保护层，防止食物泼洒。

出自杰克·萨摩弗（Jack Summerford）之手的鸡蛋印画挂在屋子的内置烤架上方，诙谐地暗示了房间的主要用途。

DIY项目

长久以来我并不习惯亲手制作东西。从小时候起，我身边就堆着许多杂志和商品目录，将我想要买的东西拆开分解，我却从来想过自己可以创造相似的东西。不过在最近十年间，自己动手（DIY）的风潮重新流行起来，激励我放下那些商品目录，拿起一只手动钉枪。

随着独立手工艺展示平台的出现，例如瑞内格德手工艺集会（Renegade Craft Fair）和类似 Etsy（*www.etsy.com*）的电子商务网站让艺术家们得以向全球客户贩售手工作品，空气中酝酿着一阵 DIY 热潮。从手工艺新手（这就是我）到最有经验的艺术家，整个设计社群都全身心地拥护这个身体力行制作家庭用品和家庭装饰的观念。

Design * Sponge 自 DIY 运动初始便是忠实的支持者，这个才华横溢的编辑团队决定以手工制品和自己动手项目为主要板块。在书的这个部分，我挑选了网站 DIY 栏目中最欣赏的 25 篇投稿，以及来自读者和投稿者的 25个新项目。每个项目都列出了时长、花费和难度，你可以根据自己的技术、预算和空余时间来挑选项目，标记想以后做的项目。有一些项目需要模版，可以在 *www.designsponge.com/templates* 下载。

这一部分和 DIY 运动都将用实例向你展示如何打造理想的家。这些项目不仅可以告诉你如何亲自动手制作东西，还提出了将它们进一步个性化的建议，这样你就可以得到一个真正独一无二的物品了。我希望这些项目可以激励你为家中做一些有意义的物品，无论是简单而便利的，比如纱线花瓶，还是更精细的，比如我在自己卧室做的自制床头板。只需裁裁剪剪、动动心思，就能让那些空间展现你的本色。

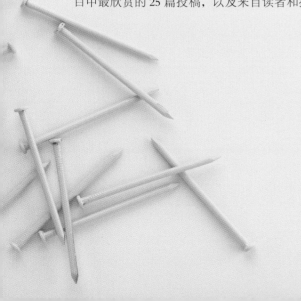

N不论屋子大小，大多数人的存储空间永远不够。比起遮掩珍贵的柜台空间，Design * Sponge 的投稿者德瑞克·法格斯特朗和劳伦·斯密斯决定用在当地葡萄酒商店发现的旧酒箱打造墙架。为了增加细节装饰，他们以多彩的廉价礼品包装纸作为木架背景，衬托钟爱的书籍和珍藏。

设计者

德瑞克·法格斯特朗和劳伦·斯密斯
（Derek Fagerstrom and Lauren Smith）

花费
10美元

时长
1小时

难度
★★★★

材料

卷尺

酒箱

礼品包装纸或其他花纹纸

纸张

铅笔

直尺

X-Acto 牌（美国）笔刀

骨刀

喷胶

锯齿挂钩
（每个箱子一个）

锤子

小钉子
（每个锯齿挂钩两个）

橡胶垫
（每个箱子两个）

五金挂件
（每个箱子一个）

步骤

1 用卷尺测量每个木箱的内部尺寸，确保有足够的花纹纸加衬。

2 按尺寸用铅笔在花纹纸背面划线。为避免内部边缘出现缝隙，在以下地方加上 1 英寸的宽限：

　　长边纸张　　为置于箱内的三条边加上 1 英寸的宽限

　　短边纸张　　为接触箱底的一条边加上 1 英寸的宽限

　　底部纸张　　不需要增加长度

3 用直尺和 X-Acto 笔刀裁切纸张，每个箱子五张。用骨刀沿着多出的 1 英寸宽限划出折痕。接着，将 1 英寸宽限的四角剪成 45 度角，斜着拼接起剪出的内角。

4 在通风良好的地方，在每张长边纸张背面喷上喷胶。小心地贴在箱子里，将折起的边缘贴到箱子底部，弄平纸张上出现的气泡。然后用喷胶粘贴短边纸张。这时，箱子的四边已经加衬，底部的四周有 1 英寸的边缘。最后只需喷涂、粘贴底部纸张。开始进行下一步之前，弄平所有气泡，并让它完全风干。

5 确定箱子的重心，在箱子背部的上边缘用锤子和小钉子钉上锯齿挂钩。在箱子背面的底部两端粘上即剥即贴橡胶垫，确保能够将它服帖地挂在墙上。

6 用铅笔在墙上标记每个箱子的位置，用合适的五金挂件将木箱挂到墙上。

安全小贴士：喷胶有毒性，在使用时请戴上面罩、打开窗户。在使用前保证房间充分通风，每次少量喷涂。

U将不同的盘子组合以各式烛台和花瓶，凯特·普鲁伊特用这些闲置的物件制作了美妙的蛋糕架。无论是在庆祝生日、假日聚餐，还是在寻找摆放日常点心的创意，这些托架都能够点缀你的餐桌且花费不多。

设计者
凯特·普鲁伊特
（Kate Pruitt）

花费
10美元

时长
1小时
（外加干燥时间）

难度
★★★★

~~~~~~~~~~~~~~~~~~~~~~~~~~~~~ 步骤 ~~~~~~~~~~~~~~~~~~~~~~~~~~~~~

1 试试组合效果：不用任何黏合剂，盘子就应该在底座上保持平衡。

2 彻底清洁所有的盘子、花瓶、烛台。完全晾干。

3 测量盘子的底部，以小点标记中心。

4 依照包装的指示准备环氧树脂。准备好后，涂到底座顶部，根据盘子的圆点标记，轻轻地将底座倒放到盘子底部。

5 按照包装提示让环氧树脂定型，轻压盘子以固定底座位置，用棒冰棍清除多余环氧树脂。在四边贴上遮蔽胶带，加固蛋糕架，最后风干一夜。

材料

任何大小的旧盘子和烛台或花瓶（任何底部较宽、底座稳固、顶部平稳的东西），越大的盘子需要越大的底座，例如晚餐盘。

尺子

马克笔

环氧树脂
（五金店有售）

纸盘或废纸箱
（用来调和环氧树脂的旧容器，最后可以扔掉）

棒冰棍或去掉棉花的棉签
（用来蘸取环氧树脂）

遮蔽胶带

碎布和清洁用具

小贴士
━━◆◆◆◆◆━━

尽管它们会比你想象的牢固，但它们还是不能用洗碗机刷洗。请轻柔地用手清洗。

U用砖块做书挡是几十年来大学宿舍的流行做法。凯特十分欣赏这个简单而实用的主意，不过她想以自己的风格稍稍加上一些修饰。凯特用并不昂贵的礼品包装纸包裹砖块来美化这种经典的书挡，既体现了她的个性，又符合她的预算。

设计者
凯特·普鲁伊特
（Kate Pruitt）

花费
5美元

时长
1小时

难度
★★★★

材料

两张花纹纸或包装纸

两张稍厚的纸张
（比如绘图纸）

防尘口罩

喷胶

两块铺路石或砖块
（五金店的户外或花园区
域有售）

剪刀

热熔胶

小装饰

~~~~~~~~~~~~~~~~~ 步骤 ~~~~~~~~~~~~~~~~~

1　在干净的工作台上展开花纹纸，使其背面朝上。

2　展开绘图纸，均匀地涂上一层喷胶。将其翻转，让黏合剂的一面朝下，粘到花纹纸的背面，弄平所有褶皱。

3　将砖块或铺路石放在纸张的背面。裁出足够大小的纸张，以便能够像礼物一样将它包裹起来。

4　开始像包礼物一样包裹砖块，将纸张翻到背面并折叠出砖块形状的折痕。为了固定，将砖块背面的右侧粘上热熔胶，再把纸张的右侧压到热熔胶上并展平。接着，将砖块背面的左侧和第一张折面的边缘粘上热熔胶。然后将第二张折面盖过第一张折面并展平。

5　将纸张底部的每个折角处剪开，直到接触到砖块的边缘。现在你将砖块包得像礼物一样了，但是在砖块底部还有四个折叠面。先折叠侧面、粘到砖块上。再把背面的纸向前折并粘好。最后把前面的折叠面向后折再粘好。在这过程中你可能需要裁掉多余的纸张，以便折叠得干净利落。记得先试着折叠一下，看看效果，然后展开，做必要的裁剪，再次尝试。在粘贴前，确保能够获得整齐、干净的折层。对砖块顶部重复这些步骤。

6　对第二块砖块重复包裹、粘贴的步骤。两个书挡都完成后，可以加上修饰图案、转印贴花等装饰。

安全小贴士：喷胶有毒性，在使用时请戴上面罩、打开窗户。在使用前保证房间充分通风，每次少量喷涂。

设计者
艾丽卡·多梅塞
（Erica Domesek）

花费
10美元

时长
10分钟
（外加干燥时间）

难度
★★★★

材料

立体涂料

瓶子和罐子

亚光喷漆

项目
仿制瓷瓶

I翻阅家居杂志时，几乎在每页都能看到迷人的瓷瓶。但是一些设计师出品的瓷瓶的价格高得令人难以承受。于是，来自 P.S.–I Made This 网站的 DIY 女王艾丽卡·多梅塞以巧妙的构思将普通的瓶瓶罐罐变成了优雅的仿制瓷瓶。而这只需一些立体涂料和白色喷漆即可。

~~~~~~~~~~~~~~~~~~~~~~~~~~~~~~~~ 步骤 ~~~~~~~~~~~~~~~~~~~~~~~~~~~~~~~~

1 用立体涂料在罐子和瓶子上画出想要的图案。你可以设计形状或绘制简单的点线花纹。

2 立体涂料干燥后，喷涂罐子和瓶子的每个角落，然后风干。如果需要的话，可以重复喷涂，直到形成平滑、坚固的表面。干燥后，就可以用鲜花装点你的新"花瓶"了，也可以只是将它们摆放在家中。

设计者
**德瑞克·法格斯特朗和
劳伦·斯密斯**
（Derek Fagerstrom and
Lauren Smith）

花费
2美元

时长
10分钟

难度
★★★★

材料

玻璃花瓶或瓶子
（我们用的是长方形的，不
过任何形状都可以）

双面胶

纱线

C 用到纱线的手工设计总是让我想起女童子军营，但是德瑞克和劳伦却让它变得清新和现代。他们简单地将一个玻璃瓶包裹上棕色和凫蓝色纱线，打造了一个适合他们家中装潢的现代设计。如果你想让它变得更加别致，可以使用更多颜色效仿 Paul Smith 品牌（英国）标志性的条纹。

步骤

1 沿着花瓶顶部、底部贴上几条双面胶，再垂直着贴上几条。

2 从底部开始绕起纱线，保证纱线层层平行而不重叠，将一开始的线头埋入头两圈。准备换颜色时，剪掉纱线，记得将剪掉的一端粘上双面胶固定。

3 将纱线绕到花瓶顶部。将末端埋入花瓶背面顶端的两圈纱线中。

R 防染染色工艺非常有趣，比如蜡染法和扎染法，但也会造成一片混乱，特别是对于我们这些在家制作的人来说。Design * Sponge 的编辑德瑞克·法格斯特朗和劳伦·斯密斯发现在上好色的布料上使用漂白笔更加容易、干净，还能以很少的预算获得相似效果。下次在使用漂白笔装饰浴室瓷砖时，试试亲手用物美价廉的多彩布面来模拟蜡染工艺吧！

设计者
德瑞克·法格斯特朗和劳伦·斯密斯
（Derek Fagerstrom and
Lauren Smith）

花费
四块茶巾20美元

时长
1小时
（外加干燥时间）

难度
★★★★

步骤

1 清洗布料，将其晾干，剪成四块。将长边折进 1/4 英寸并熨烫。再折入 1/4 英寸并缝合。对短边重复这些步骤，其他布面也是一样。

2 铺上塑料罩单或铝箔以保护你的工作台。穿上工作服，以防被漂白笔画到，打开窗户保证通风。把布面放在工作台上，用漂白笔画出式样。我们喜欢徒手画出微微弯曲的线条，不过你也可以事先用裁缝划粉画好想要的图案，再用漂白笔描绘。将画好花纹的布面放置 30 分钟。

3 戴上橡胶手套，以防漂白笔画到双手，接着在冷水中漂洗茶巾。为了防止图案模糊变形，务必冲洗掉所有的漂白剂。

4 晾干茶巾，再冲洗一次即可使用。

小贴士：1 码长、54 英寸宽的布料可以裁成四块 26×17 英寸的茶巾。

材料

1 码深色亚麻布

剪刀

熨斗

缝纫机

缝纫线

塑料罩单或铝箔

Clorox 牌（美国）漂白笔
（两支笔可以用于四块茶巾）

裁缝划粉（可选）

橡胶手套

O生活中，我最喜欢的消遣之一就是逛跳蚤市场。在这里有无限的可能、隐藏的珍宝和不用 10 美元就能找到的好东西，这些都让我难以自拔。马萨诸塞州的布里姆菲尔德古玩展（Brimfield Antique Show）是我最喜欢的跳蚤市场之一，上次参加时我又廉价淘到了这个旧汞瓶。我原以为可以把它当作花瓶，但是瓶口太窄了，于是我决定用灯具转换装置来打造一盏独属于我的台灯。我需要的仅仅是一个实惠的灯罩，而这简直就是小菜一碟！

设计者
格蕾斯·邦妮
（Grace Bonney）

花费
40美元

时长
1小时

难度
★★★★

~~~~~~~~~~~~~~~~~~~~~~~~~~~~~~ 步骤 ~~~~~~~~~~~~~~~~~~~~~~~~~~~~~~

1　清理瓶子中的霉菌或有机物，防止塞上瓶塞后在瓶内腐烂。

2　组装灯具转换装置，轻轻地把软木灯组塞入瓶颈。如果瓶子重心偏上，移去装置，填入沙子或小卵石压重。如果木塞太大，仔细地削掉边缘，确保与瓶口紧密贴合。

3　如果想要像我一样装饰灯罩，请裁剪布面，宽度需要比灯罩高度多 1 英寸，长度比灯罩周长多 1/2 英寸。（只需围在灯罩上估量一下。如果你的灯罩不是 90 度垂直的，需要以一定的角度裁剪布料。你可以把布料围在上面，用马克笔标记需要裁切的地方。）

4　用热熔胶在灯罩内部的底边涂一圈胶水。等待 10~15 秒让热熔胶冷却一些，将布面平铺在灯罩外面。不要拉紧布面，只需轻放在灯罩上，把底部多余部分折起来，压在胶水上，直到定型。你的手指可能会弄脏，不过只要等待热熔胶冷却下来就不会被灼伤。

5　对灯罩内部的顶部重复步骤 4，直到布面完全固定（如果灯罩里有多余的碎布，用小缝纫剪将其裁掉，因为开灯后任何多余的布料都会被一览无余）。在布面的一条侧边粘上热熔胶，再压上另一侧边。接缝是可见的，因此你需要把接缝处转到台灯的背面。将灯罩晾干再固定到台灯上。

材料

瓶子
（可以在 eBay 网和跳蚤市场上廉价找到）

软木塞灯具套件
（这里用的是来自 National Artcraft 品牌，*Amazon. com* 上有售）

灯罩
（购买直接架在灯泡上的类型）

布面（可选）

剪刀

马克笔

热熔胶和胶棒（可选）

小装饰，比如缎带、饰钉（可选）

I 在拜访当地花园时，受苔藓覆盖的优美雕塑启发，Design * Sponge 的读者夏农·克劳福德决定用普通的五金店材料为自己的花园添加一些建筑元素。只用几个简单的玻璃灯球和一包速凝水泥，她打造了美丽而实惠的水泥圆球，让它们静坐在后院中，优雅地印上时间的印记。

设计者
夏农·克劳福德
（Shannon Crawford）

花费
低于20美元

时长
30分钟
（外加凝固时间）

难度
★ ★ ★ ★

~~~~~~~~~~~~~~~~~~~~~~~~~~ 步骤 ~~~~~~~~~~~~~~~~~~~~~~~~~~

1 在灯球内侧喷上烹饪防粘喷雾——以便最后将玻璃和水泥球分离。用一袋泥土和沙子固定灯球，以防填充和凝固时不会滚走。

2 在桶里调和混凝土（夏农用了半包细砾速凝水泥），不断加水直到达到花生酱的稠度，或者更稀一些。你既不能调得过稀，也不能过稠。多试几次吧！

3 用小园艺铲填充球体。每填一次就摇晃一下球体，以便摇匀并去除气泡。填充到球体的顶部时，尽量保持平衡。接着让球体风干凝固至少 24 小时。

4 当混凝土颜色变淡，就可以除去外壳了。戴上护目镜和手套，用锤子轻敲玻璃，将它从水泥圆球上剥离下来。

注意：购买灯球时，确认没有裂痕，否则它们会在填充水泥时碎掉。

材料
────────────
玻璃灯球
（在旧货商店或五金店
找找廉价的）

烹饪防粘喷雾

速凝水泥

水桶

小园艺铲

护目镜和手套
（敲碎玻璃时使用）

锤子

设计师贝蒂娜·佩德森非常喜欢地图，于是她决定将它们融入家中的装饰。这个简易的纸盒制作项目使用了多种地图，大到国家地图，小到城市街道布局，当然你可以使用任何喜欢的地图。如果你很喜欢它的外观，你可以轻易地扩大收藏，打造整个系列的办公用品，比如笔筒、文件夹。

设计者
贝蒂娜·佩德森
(Bettina Pedersen)

花费
免费

时长
每个盒子15分钟

难度
★★★★

材料

长方形或圆形纸盒

地图
（贝蒂娜使用了旧学校
图集里的丹麦和欧洲地图、
迈阿密街道地图和非洲
旅游地图）

剪刀

铅笔

刷子

Mod Podge 工艺胶

~~~~~~~~~~~~~~~~~~~~~~~~~~~~~~ 长方形纸盒的步骤 ~~~~~~~~~~~~~~~~~~~~~~~~~~~~~~

1 测量盒底边缘的长度和盒子的高度（没有盒盖）。为盒底周长加上 1/2 英寸，高度加上 1¼ 英寸。按这个尺寸裁剪地图。

如何斜接四角

2 在地图背面均匀地涂上 Mod Podge 工艺胶，将其包在盒子上，这样上下就各多出 5/8 英寸。

3 斜接四角，将多出的 5/8 英寸地图向下折入盒子的顶部边缘，粘贴固定。

4 测量盒盖的高度。把盒盖放在所选的地图上，用铅笔描出轮廓。在画出的长方形的每个边缘上，为盒盖的高度加上 1/2 英寸。然后裁剪这张地图。

5 在地图上的长方形上均匀地刷上 Mod Podge 工艺胶，贴到盒顶。在地图边缘涂上胶水，像礼物一样包裹盒盖。斜接四角，然后将多余的 1/2 英寸折入盖子顶部边缘。

~~~~~~~~~~~~~~~~~~~~~~~~~~~~~~ 圆形纸盒的步骤 ~~~~~~~~~~~~~~~~~~~~~~~~~~~~~~

1 测量盒底边缘和盒子的高度（没有盒盖）。为盒底周长加上 1/2 英寸，高度加上 1¼ 英寸。按这个尺寸裁剪地图。

2 在地图背面均匀地涂上 Mod Podge 工艺胶，将其包在盒子上，这样上下就各多出 5/8 英寸。

3 在地图顶部和底部多剪几个 1/2 英寸长的口子。把它们向下折入盒子顶部边缘，粘贴固定。

4 把盒盖放在所选的地图上，用铅笔描出轮廓。沿着线剪出圆形。

5 为盒盖多剪一条边缘，像裁剪盒底一样剪开小口、折叠、粘贴。最后粘上圆形盒顶即可。

F 对于很少有机会接触大自然的我们来说，想办法将室外气息带入房间里十分重要。艾米·梅瑞克决定将在废弃的社区停车场找到的藤蔓、蕨类植物简单地压制、装裱起来，创造植物画的美妙外观和感觉。艾米用厚重的书将标本压平，用找到的旧外框和牛皮纸营造了古典效果，花费还不到 25 美元。

设计者
艾米·梅瑞克
（Amy Merrick）

花费
20美元

时长
1周

难度
★★★★

------------------------------- 步骤 -------------------------------

1 寻找不同的蕨类或有树叶扁平的植物，把它们的叶子带回家。它们就在你的花园里，甚至生长在人行道的裂缝间！

2 将每片茎叶放在外框中进行修剪，如果需要的话，剥去几片叶子，以便适应框架大小。决定标本的基本布局。向左弯曲好还是向右好？

3 把每片树叶竖着或是斜着夹在厚重的电话号码簿的书页间。注意：现在还不能取出这些有趣的收藏，这会让它们凹凸不平。最好用一本你不介意变得有些脏乱的书！一旦夹好标本，就在电话号码簿上多压几本厚重的书，搁置一个星期。

4 阴干后，在每片茎叶背面涂上少许橡胶胶水，粘到花纹纸上，最后为标本加上外框。

材料

几片蕨类或其他平展的树叶

外框

剪刀或刻刀

几本厚重的书，包括一本电话号码簿

橡胶胶水

牛皮纸或花纹纸

F鲜少有记忆能像小时候把四叶草夹在书页间那样让我历历在目。我喜欢在数个月后，甚至是多年后发现它们仍保存得平整而完美时的感觉。Design*Sponge的编辑艾米·梅瑞克独创了这种自制压花法，在压花时不会在书页上留下颜色。不论是婚礼时留下的鲜花，还是让你想起夏日野餐的金凤花，这种简易的压花法能够让植物挂饰的制作过程变得快捷而方便。

设计者
艾米·梅瑞克
（Amy Merrick）

花费
20美元

时长
2小时

难度
★ ★ ★ ★

材料

两块长方形木板，约
6×12 英寸

卷尺或标尺

动力钻和 3/8 英寸钻头

几个硬纸盒

水彩纸
（吸收压花时的水分）

四个螺钉和四个螺母

~~~~~~~~~~~~~~ 步骤 ~~~~~~~~~~~~~~

1　在每块木板的四角量出边长 1 英寸的正方形，然后在每个正方形的内角处各钻一个小孔。将木板叠起来时，相应的小洞必须精确对齐。

2　为木板夹层制作一个用来分离花朵的模板，每条边各比木板的尺寸短 1/2 英寸。将模板的四角切割成 45 度角，以避过螺钉孔。以这个方式，裁出五张硬卡纸和四张水彩纸。

3　交替叠放硬卡纸和水彩纸，将它们夹在两块木板之间。对齐每个小孔，插入螺钉。旋紧螺母以夹紧木板。

4　若是愿意，你可以装饰一下木板表面。现在可以出门收集鲜花了！

小贴士：压花时，将它们夹在水彩纸之间（它们上下各有一张硬卡纸），然后旋紧木板。搁置两天后，拧开木板拿出压花即可。

E 每年夏天的后院聚会都要饱受蚊子的侵扰，于是凯特决定在家制作香茅蜡烛。她用廉价的锡罐作为装饰性容器，在当地保健食品商店买到香茅油，混合了一些旧蜡烛和彩蜡，最终打造了一个自制蜡烛，在炎热的日子里赶走蚊虫。

设计者
凯特·普鲁伊特
（Kate Pruitt）

花费
25美元

时长
1~2小时

难度
★★★★

步骤

1　清洗所有的玻璃瓶和锡罐。彻底风干。

2　在盆子里倒入 2 英寸深的水，接着放在火炉上低温加热，然后将融蜡的容器放进热水中。

3　烧水的同时，用少许熔胶将灯芯置于瓶罐底部的中心。

4　当水达到 140 摄氏度时，在融蜡罐中加入蜡和彩蜡。在融化过程中，不时搅拌。当所有蜡均匀融化成液态时（达到橄榄油的稠度），滴入几滴香茅油并搅拌（每 8 盎司蜡滴入 2~3 滴香茅油）。接着把融蜡容器从热水中拿出，将蜡倒入准备的容器，使灯芯露出 1/2 英寸。然后冷却。

材料

旧泡菜瓶、果酱瓶或锡罐

融蜡容器
（内部有另一个能安全加热容器的炖锅是很好的选择，你也可以在工艺品商店购买融蜡容器）

灯芯
（工艺品商店有售）

热熔胶和胶棒

温度计

旧蜡烛或任何可以
安全融化的蜡

彩蜡
（可选，用来上色）

搅拌棍或勺子

香茅油
（保健食品商店、网站和一些五金专卖店有售）

小贴士

如果你想将蜡烛罐当作礼物，可以为瓶盖加上漂亮的布面，再拧回瓶子上。最后用一些厨房用绳包裹锡罐后就可以体面地送人了。

S一些人会在裸露灯泡的工业化外表的面前退步，但是凯特却欣然接受，她还巧妙设计了一盏拥有这种外观的室外灯。凯特用细金属线将两个价廉物美的铁线花盆组合起来，从顶部穿入悬挂灯座和灯泡。她设计的这个与众不同的室外灯适合任何户外活动。

设计者
凯特·普鲁伊特
（Kate Pruitt）

花费
20美元

时长
1~2小时
（外加干燥时间）

难度
★★★★

~~~~~~~~~~~~~~~ 步骤 ~~~~~~~~~~~~~~~

1 在户外把铁线花盆放在防水布或报纸上，然后喷涂上白色底漆，让喷涂的一面风干，再从所有角度喷涂，确保涂层均匀。然后风干。

2 如果想要涂上颜色，以同样方式均匀地喷上该色的涂层。

3 将灯泡旋入悬挂灯座，置于两个花盆中间。将电线穿过上面的花盆，然后用细金属线将两个铁线花盆接合起来。确认对齐垂直接缝，也可以不对齐，随你喜欢。

4 用剪线钳将连接部位的金属线剪至 1/4 英寸。

5 在预想的位置用园艺麻绳挂起花盆吊灯。插上电源。

材料

一对铁线花盆

防水布或报纸

喷雾底漆

喷漆
（可选）

灯泡

悬挂灯座
（宜家有售）

细金属线

剪线钳

园艺麻绳
（用来悬挂吊灯）

小贴士

细金属线非常柔韧，因此在换灯泡时，很容易拆卸、重组铁线花盆。

I 很多人和我一样，既想要在家里保证隐私，又不想牺牲明亮的光线。Design* Sponge 编辑凯特·普鲁伊特解决了这个问题，她用物美价廉的玻璃贴膜在玻璃门上创造了装饰贴花。玻璃贴膜易于剥离，便于重新设计、更换花纹。

设计者

凯特·普鲁伊特
（Kate Pruitt）

花费
25美元

时长
3~4小时

难度
★★★★

材料

标尺

玻璃贴膜
（五金店或家居收纳
商店有售）

剪刀或 X-Acto 牌笔刀

胶带

油漆笔

~~~~~~~~~~~~~~~~~~~~~~~~~~~~~~~~ 步骤 ~~~~~~~~~~~~~~~~~~~~~~~~~~~~~~~~

1　测量窗玻璃的尺寸，标记在玻璃贴膜背面。接着裁出这些长方形。建议使用标尺和 X-Acto 牌笔刀，不过如果你可以利落地徒手划线，用剪刀整齐地裁剪，那也没问题。

2　在裁出的贴膜的衬纸面的边缘贴上胶带，这样可以保证让你在无黏性的一面绘制。用油漆笔在贴膜上画出图案。让油漆干燥至少 10 分钟。

3　小心地把贴膜衬纸撕下，把贴膜贴到窗玻璃上。一边慢慢地把衬纸撕下，一边用一张纸或书的弧形书脊弄平玻璃贴膜。

设计者
克里斯汀·基尼斯
（Christine Chitnis）

花费
10~40美元

时长
1小时

难度
★ ★ ★ ★

材料
━━━━━━
蕾丝衬垫

大头针

针线或缝纫机

项目
蕾丝衬垫桌旗

W作家兼手工艺者克里斯汀·基尼斯决定升级她的蕾丝衬垫收藏，自制一块桌旗。克里斯汀只需简单的手工缝制技术就能为浪漫的家庭晚餐创造一个随意的设计。即使是最没有经验的缝纫者也可以在一个雨天完成这个工程，在晚餐时就能使用美丽的垫布了。

步骤

1 仿照桌旗的样式在桌子上摆放衬垫，让相邻的衬垫相互重叠。摆好后，仔细地用大头针把它们固定在一起。

2 用针线或是缝纫机将蕾丝衬垫缝在一起。

设计者
凯特·普鲁伊特
（Kate Pruitt）

花费
18美元

时长
2小时

难度
★★★★

材料

原木
（你也可以用木制
杯垫成品）

锯子
（砍锯或普通锯子和
辅锯箱）

铅笔

无柄酒杯、水杯或干净的
玻璃瓶

中号圆头的木块烙刻工具

Design * Sponge 编辑凯特·普鲁伊特小时候生活在缅因州，她是一边坐在劈啪作响的火堆旁，一边看着父亲在户外劈柴长大的。现在她远离了那里的火堆，但是她仍想将回忆中的原木带入加利福尼亚州的家里。凯特用邻居砍下的原木打造了这些圆木玻璃瓶，用来展示她的珍藏。

步骤

1　切割木块。厚度在 1 到 3 英寸皆可，不过要保证两面平整，以便摆放平衡。

2　将玻璃瓶倒扣在木块中央，用铅笔描出瓶口轮廓。

3　小心并缓慢地用木块烙刻工具刻出 1/8~1/4 英寸宽的圆环凹痕。沿圆环内侧烙刻，以保证玻璃瓶紧密卡入。每几分钟停一次，把瓶子放到凹痕上，确认形状没有走形。建议不要一次性烙刻整个圆环，而是两两相邻地钻出小孔，接着不断在空隙上钻孔，将它们连接起来，最后形成连续的形状。

M 很多人都渴望拥有一个树木繁茂的后院和花园，而事实上却住在一个狭小的空间里。撰写 Nincomsoup 博客的丽莉·休伊希望为自己的婚礼场地创造一个"都市绿地"的背景，她选择了砖块来建构她的绿墙。即使没有户外花园，通过在每块砖的小洞里种上多肉植物，也能得到葱翠繁茂之感。她非常喜欢最后的效果，于是把它从婚礼背景搬到前面，作为临时台阶。不论你是在制作婚礼装饰，还是想在露台上搭建一面小型绿墙，这都能经济地创造一小块充满乐趣的绿色空间，无需一个后花园。

设计者
丽莉·休伊
（Lily Huynh）

花费
80~90美元

时长
2~3小时

难度
★ ★ ★ ★

~~~~~~~~~~~~~~~~~~~~~~~~ 步骤 ~~~~~~~~~~~~~~~~~~~~~~~~

1 将盆栽土和仙人掌科专用土壤以 1:1 比例混合，填入塑料桶，搁置在一边。

2 将多肉植物匹配到合适大小的砖孔，将根部修剪至 1 英寸长。

3 在烤盘中倒入 1/2 英寸高的水。

4 将一块砖放入烤盘，有洞的一面朝上。接着将混合土壤舀入每个小孔，将其松散地填满。然后用勺子的背面将土壤轻轻压实（不要压得太实）。

5 将不同大小的多肉植物放入砖孔。再用土壤压紧，确保将每棵植物埋严实。将砖块拿出烤盘，放在一边。重复这一过程，直到你获得足够的砖块，如果需要的话，可以为烤盘加水。

6 将砖块垂直摆放几天，让多肉植物适应新环境。然后叠起砖块，搭起一面多肉植物砖墙。如果植物看上去有些干，可以用喷雾瓶喷水。

　小贴士：砖块、多肉植物和土壤的多少取决于搭建的砖墙大小。

材料

盆栽土

仙人掌科专用土壤

大塑料桶
（容积 4 加仑即可）

多肉植物
（花朵直径 2~3 英寸的成熟多肉植物）

9×12 英寸的烤盘

工程用砖
（砖块有很多种类，最常见的有 3 个孔，不过你也可以找到有 10 个或 16 个孔的砖块）

1 把长而细的勺子

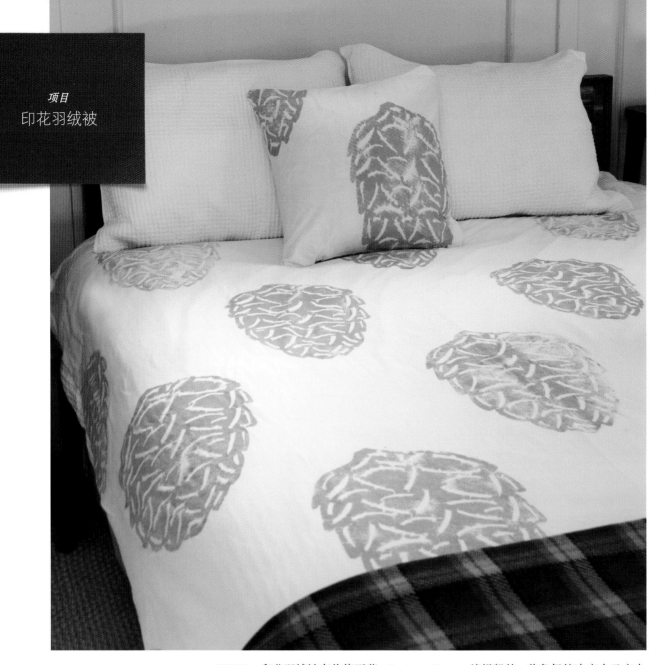

P 印花羽绒被套价值不菲，Design * Sponge 编辑凯特·普鲁伊特决定自己亲自
动手做一套。凯特用屋子里的废纸板制作了一个简单的松果模板，她十分喜
爱这个有些粗犷、略微不平衡的图案，并以极低的费用获得了在商店购买到
的品牌设计的效果。

制作转印纸板

1. 在牛皮纸上画出花样，包括想要剪去的部分。设计图案时，尽量描绘简单的大型图案。不要尝试过于复杂讲究的，因为过细的切痕会弄坏硬纸板。尽量保证图案的每个部位至少有 1/2 英寸宽。用 X-Acto 牌笔刀将需要去除的部分裁掉，留下的就将是图案着色后的样子。

2. 完成最终设计后，用永久记号笔描到硬纸板上，包括所有的裁剪部分。接着裁剪硬纸板，确保线条干净利落。多换刀片，以保证锋利度。

转印图案

3. 按照印花方向展开布料，熨平褶皱。把被套摊到工作台上，考虑如何印制你的图案。如果想要精确一些，可以做一些测量，再用铅笔或胶带在被套标记每个印花的位置。当然，你也可以目测印花位置，从被套顶部向下转印。

4. 准备大量织物颜料，在塑料杯中调和。织物颜料的稠度应该如同罐装建筑油漆。如果你的织物颜料更加黏稠，那就需要用水稀释一下。

5. 将一些颜料倒入颜料盘，平均而大量地蘸到泡沫滚筒上。在硬纸板上均匀滚上颜料，然后将硬纸板有颜料的一面盖到碎布料上。再盖上一张干净的废纸或报纸，一只手固定硬纸板，另一只手按压整个图案。紧压模板的每一寸，就像正在把它粘在上面一样。然后一只手压住布面，另一只手移去纸张，接着小心地挪去硬纸板。接着重复几次这个步骤。这会给硬纸板吸收颜料的时间，让它可以在布面上印上更多颜料。这也可以让你知道需要用多少颜料，印制图案时用多少力量。

6. 练习过转印并且熟练后，就可以在被套上印制了，一次印一个图案。在整个过程中，硬纸板必须保持完好。如果要转印被套两面，你需要两个硬纸板，在被套另一面使用新的纸板。转印大约 30 个图案后，第一个模板就不能使用了。

7. 继续转印，盖上新纸，压上模板。注意不要滴上颜料或弄花被套。完成后，平摊被套并晾干。移动或晾干被套时你可能需要别人的帮助。

8. 根据织物颜料的使用指南风干印花，以便日后多次清洗而不褪色。

小贴士： 如果你愿意花钱，一大块亚麻油毡板可以制作干净利落的印花。这个项目向你展示如何用类似硬纸板的便宜材料获得很好的图案，而且不会出现非你所愿的粗糙的、劣质的效果。如果想要转印小图案（比如手掌大小），建议使用亚麻油毡板。这里介绍的方法只适合大图案。

设计者
凯特·普鲁伊特
（Kate Pruitt）

花费
25美元

时长
4小时
（外加干燥时间）

难度
★★★☆

材料

牛皮纸

报纸或废纸
（至少十张）

铅笔

X-Acto 牌笔刀和备用刀片

废纸板
（需要一或两块大而平的
废纸板做模板，而且没有
折痕、裂痕）

永久记号笔

大工作台

羽绒被套
（或其他做被套的面料，
比如棉布）

熨斗

织物颜料
（装满一杯塑料水杯）

塑料杯

颜料盘（或纸盘）

小型泡沫滚筒

W并不是每个人都喜欢花环，因为它们需要很多照料。但是艺术家兼手工艺者克尔斯滕·D. 舒尔勒制作了一个不需保养的花环，还能再利用一些零碎的材料。克尔斯滕使用了一件旧毛衣和一个泡沫环。她剪碎毛衣，用热熔胶粘在泡沫环上，最终打造了一个独特的毛衣花环，一年四季都能使用。

设计者
克尔斯滕·
D. 舒尔勒
（Kirsten D. Schueler）

花费
13美元

时长
3~4小时

难度
★★★★

材料

羊毛衫
（至少 90% 羊毛），尺寸
为女士大号或男士中号

剪刀

蒸汽熨斗

低温热熔胶枪和胶棒

包裹泡沫环的布料
（16 英寸的花环需要 1/4 码）

环形泡沫聚苯乙烯

步骤

1 在洗衣机里和旧毛巾一起清洗毛衣。将肥皂量设定成最大，使用热水洗涤冷水漂洗模式。我们希望得到非常僵硬的毛衣，所以不要含蓄：用上洗衣机的最高设置，同时用最大设定来甩干。

2 晾干毛衣后，把它由内向外翻过来，用锋利的剪刀沿着缝线剪开。去掉任何装饰细节、罗纹和厚边。将熨斗调成中档，将毛衣的两面熨烫得平整服帖。

3 将毛衣剪成叶子状，尽量不留碎布。不要担心叶子的形状大小问题，把它们粘上花环后，没有人会注意这些问题，一些变化反而可以增添视觉趣味。

4 在准备花环时，让低温热熔胶枪加温。裁出或撕出 1 英寸宽的布条。准备好胶枪后，用布条绕上泡沫环，用胶枪点上胶水，固定布条。整齐、紧实地包裹花环，尽量避免产生褶皱。

5 将叶子贴到布环上，像叠瓦片一样按一个方向粘贴。每片叶子粘上一滴热熔胶。我有时候叠得很紧密，有时候叠得很疏松。只要保证布环不外露，不论是哪种方式都可以。只覆盖花环的正面，在背面留下 1 英寸的空白，以便平稳地挂在墙上或门上。

设计者

**德瑞克·法格斯特朗和
劳伦·斯密斯**

（Derek Fagerstrom and Lauren Smith）

花费
25美元

时长
2小时

难度
★★★★

S 有些时候，经济的日常用材可以打造高端的外观。Design * Sponge 的编辑德瑞克和劳伦在他们最爱的五金店搜寻到了经济的薄木条，用来制作弯木壁灯。受查理斯（Charles）和雷伊·伊姆斯设计的弯曲胶合板的启发，他们认识到普通的材料也可以制成如此精致迷人的设计。

步骤

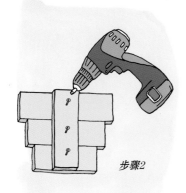

步骤2

1 用砍锯（或者请当地木场）将 1×4 英寸的厚木板锯成以下长度：

一块 12 英寸

两块 10 英寸

一块 8 英寸

2 在平整的工作台上，拿出 12 英寸、10 英寸、8 英寸的木板各一块，从大到小、中心对齐地排列。在剩下的 10 英寸的木板上滴上木胶，将有胶水的一面向下粘到其他三块木板上。为固定这块横板，将三个 $1\frac{1}{2}$ 英寸的螺丝钉钻入这两层木板，每块木板各钉一个。

3 在横板底部 1/3 处钻出一个 1/4 英寸的小孔，让灯座电线得以穿过，接着用最后一个 $1\frac{1}{2}$ 英寸的螺丝钉将灯座固定在横板前面。将电线通过 1/4 英寸的小孔穿到木板背面。

4 将锯齿挂钩钉在横板的正中央。

5 用剪刀将薄木片剪成三块 4 英寸宽的木条，长度各为 18 英寸、16 英寸、14 英寸。先拼接最短的木条，将它对准最短的木板的顶边，贴到它的两端。粘上木胶固定木条，接着在每侧各钉三个终饰钉。因为 1×4 英寸的木板并不是精确的 4 英寸宽，所以薄木条会稍稍超出一些。

6 继续以同样方式拼接另外两条薄木片（先粘胶，再钉上六个终饰钉）。

7 磨平粗糙的边缘，涂上木材着色剂或木油，接着风干。

8 将灯座电线与穿出墙壁的电线用绝缘胶带连接起来（黑色对黑色，白色对白色）。轻轻地把电线送入墙内（如果没有安置壁灯电线，用集线装置走线走到地板上）。装上灯泡查看效果。

9 在墙上钉上一个墙用螺丝，用锯齿挂钩挂上壁灯。

材料

砍锯

一块 1×4 英寸的厚木板（至少 4 英尺长），按步骤 1 切割

木胶

螺钉头钻孔机或螺丝刀

四个 $1\frac{1}{2}$ 英寸的螺丝钉

可垂直安装的灯具底座

锯齿挂钩

剪刀

至少 18×12 英寸的薄木片

18 个终饰钉

锤子

磨砂纸

木材着色剂或木油

油漆刷或干净的旧布

绝缘胶带

电线

灯泡

墙用螺丝
（还有墙锚，如果需要的话）

M很多 Design * Sponge 的编辑同事都见识过我对旧木箱的痴迷，可以证明我很少不拖着木箱离开跳骚市场和旧货市场。我喜欢看着旧木头的质感和逐渐褪色的全国各地工厂的标志，想象在遇到我之前的岁月里是谁在拖动着这些箱子。

在马萨诸塞州的布里姆菲尔德古玩展中，我以极低的价格买到了这个中古大木箱，它曾为 Boston Rubber Shoe 公司存放货物。为了存放数量惊人的游戏设备，我决定为箱底装上滚轮，加上简易布面，把它改造成一个移动储藏凳。它立刻成为了我们的宠物猫杰克逊最喜欢的打盹场所。

设计者

格蕾斯·邦妮
（Grace Bonney）

花费
40美元

时长
2小时

难度
★★★☆

 步骤

1 把木箱倒扣过来，为四脚装上滚轮。确保使用足够短的螺丝钉，以免穿破木箱内侧。如果穿破了，你可以在箱底放上一块海绵，保护存放的物品。

2 翻转木箱，测量木箱顶部的尺寸。按大小切割夹板，磨平边缘（如果你在家得宝家居店和 Lowe 美国连锁店购买，多数分店会帮你切割）。

3 把泡沫放在地板上，放上箱盖。描出夹板边缘，用美工刀或电工刀沿边缘切下泡沫。

4 对棉絮重复步骤 3，在棉絮四周留出 3 英寸的边缘，以便覆盖泡沫，并将它钉在夹板盖背面。对布面也重复这一过程。

5 把布料反着放在地上，叠上棉絮，再堆上泡沫。把夹板盖放在这三层顶部，把布面和棉絮盖过夹板盖的边缘，用手动钉枪固定。沿着边缘一边拉紧布面，一边射钉。

6 固定完成后，裁去任何多余的布料。如果你想要箱盖底边更加美观，裁出一块每边比箱盖短 1 英寸的布面并钉上。

7 如果你有孩子，或是想保证盖子的安全性，可以装上安全铰链，防止箱盖滑下，敲到手指。

材料

旧箱子（可以在旧货商店、Craigslist 分类信息网、跳骚市场和 eBay 网找到类似箱子）

脚轮和安装螺钉

螺丝刀

卷尺或标尺

坚固的中等重量的夹板（做箱盖）

锯子（若是想要自己锯夹板）

磨砂纸

泡沫（为打造舒适的座椅，准备至少 2 英寸厚的泡沫）

美工刀或电工刀

棉絮

剪刀

布料

手动钉枪和钉子

铰链（可选）

I在不断更新的电子邮件、短信、社交网络主宰着我们的社交方式的现在，寄一封真正的信能让人耳目一新，而火漆蜡封能带来迷人的旧时情怀。设计师兼艺术家金伯利·穆恩用简单的木销钉和木块烙刻工具制作这个经济实惠的、个性化的蜡封（她贴心地为"汲取设计"制作了一枚！）。不论雕刻的是图案、公司标志，还是姓名首字母，一枚蜡封绝对能让人记住你的来信。

设计者
金伯利·穆恩
（Kimberly Munn）

花费
30美元

时长
1~2小时

难度
★★★★

材料

木销钉
（直径 1/2~1$^1/_2$英寸，
依图案决定）

磨砂纸

标尺

纸张

铅笔

X-Acto 牌笔刀

胶带

带小钻头的木块烙刻工具

着色剂

封蜡

火柴

植物油

纸巾

信封

-------------------- 步骤 --------------------

1 将木销钉准备雕刻的一面磨平。磨去任何斑点和划痕，否则它们会出现在蜡封上。

2 测量木销钉的实际直径，在纸上或计算机应用软件上设计一个相应大小的蜡封。尽量设计得简单一些，除非你有很多烙刻木块的经验。

3 打印出最后的图案，用 X-Acto 牌笔刀裁剪，做出一个模板。模板不一定要精确无误，不过需要抓住设计的主要结构。

4 把模板翻转到背面，用胶带固定到木块上，再描上图案。移去模板，如有需要，可以修补描上的图案。

5 用木块烙刻工具刻出图案，用小钻头刻画小细节。为了得到一个均匀、平滑的蜡封图案，烙刻图案时尽量保持相同深度。

6 为木块涂上着色剂，放在温暖的地方干燥一晚。

7 准备封蜡、火柴、植物油、纸巾和装好信的信封。将信封背面朝上放在工作台上。如果不平整，用重物压平。接着点燃封蜡，等待火焰变旺，再将火漆滴到信封封口上。注意保持蜡封的大小与印章大小相符。可能需要一些尝试才能把握火漆的用量。

8 大约 15 秒后，火漆开始凝固，将印章蘸上植物油，以免粘上火漆。用纸巾吸掉溢出的油，注意抹净印章边缘。接着小心并稳固地将印章压上蜡封。让蜡封完全凝固。移开印章时，轻轻地前后摇动印章，直到感到它离开封蜡了再取下。

小贴士

测量木销钉的直径，不要参照包装或标签上标注的尺寸。如果你经常购买木材产品，就会知道无论是胶合板还是木销钉，包装上的尺寸永远不是买到的产品的实际尺寸。

Design * Sponge 编辑德瑞克和劳伦总是在旧金山当地的旧货商店寻找着旧椅子。大多数都不会被带回家，更不用说拿来招待客人了，不过他们经常带回椅子的部件，用到别的地方。在这个项目中，德瑞克和劳伦利用了金属椅的椅脚，打造了一个独特的小方桌，用来摆放杂志、书籍。

设计者

**德瑞克·法格斯特朗和
劳伦·斯密斯**
(Derek Fagerstrom and
Lauren Smith)

花费
20美元

时长
4小时

难度
★ ★ ★ ★

~~~~~~~~~~~~~~~~~~~~~~~~~~ 步骤 ~~~~~~~~~~~~~~~~~~~~~~~~~~

1　请当地木场将一块夹板按以下尺寸锯成 4 块：

　　　　两块（顶层和底层）18×18 英寸
　　　　两块（两侧）18×5 英寸

2　从椅子上拆下椅背和椅座。拆下所有五金部件（以后迟早用得到）。如果椅子脚很脏，务必清理一下。锈迹可以用磷酸清洁，也可以用钢丝球、钢丝刷擦洗。

3　在每块 18×5 英寸的木板的长边上滴上木胶，相对地粘到底板两侧，确保它们完全齐平。干燥固定几分钟。然后翻转过来，在两边各打一个穿过底板钻入侧板的小孔。再钉入木螺钉，以固定两块木板。

4　在附上顶层木板前，涂刷小方格的内部。在涂刷顶层木板时，两边各留白 1/2 英寸，这样在加上顶层后，接缝处就不会露出涂层。然后风干。

5　在两侧木板的顶部粘上木胶，盖上顶层木板。干燥 1 分钟，接着穿过顶板在每个侧边各钻一个孔。然后仔细地用锤子钉上终饰钉以固定顶板。

6　把小方格放在椅子脚正中央，将椅子上的小孔位置用铅笔标记到小方格的底部。

7　确认桌面是否平衡。如果有一处倾斜，把水平仪放在顶部，然后抬高，直到达到平衡。确定为了保持平衡需要多少垫圈、垫片，并事先钻孔。接着把小方格翻过来，把椅子脚、垫圈和垫片放好，用螺丝钉全部穿过，再钉入小方格底部。翻转桌子，再次检查是否平衡。

8　放正桌子，测量四片熨烫式薄木片的尺寸，用来覆盖小方格前面的粗糙边缘。用美工刀裁切。为了美化效果，可以对角切割木片两端，并在拼接处对角斜接。

9　将熨斗调到中档、非蒸汽模式，把木片熨烫到小方格前面的边缘。接着处理其他边缘。

10　磨平所有的地方，再涂上木材着色剂或木油。

材料

1 英寸厚的桦木胶合板，
按步骤 1 的尺寸锯成四块

带金属椅脚的旧椅子

木胶

钻头

木螺钉

涂漆（用于桌子内部）

漆刷

终饰钉

锤子

铅笔

水平仪

厚垫圈或垫片，以保持
桌面平衡

熨烫式薄木片

标尺

美工刀

熨斗

磨砂纸

木材着色剂或木油

着色刷或旧布

C宠物猫对睡觉的地方很挑剔（我的猫总是睡在我工作的地方，比如电脑键盘和纸堆上），因此为它们打造一个舒适温暖的睡觉场所是非常值得的。当摄影师金伯利·布兰特在旧货商店发现这个陈旧的小行李箱时，就觉得这可以成为宠物猫梅里兹庞的睡床，因为它喜欢睡在狭小的地方。带着一股热情，金伯利用Amy Butler 牌的现代中西部系列的布面花纹将旧行李箱改造成了一个时尚的猫窝。

　　我多么希望宠物们不会把家里搞得一团乱，但是它们总是不如你所愿。装上维可牢尼龙搭扣的布面非常易于拆卸、清洗，这样它就可以保持它的美丽外观了。

设计者
金伯利·布兰特
（Kimberly Brandt）

花费
25美元

时长
4小时

难度
★★★★

材料

新旧行李箱
（确认宠物猫能舒适地躺下），eBay 网和当地旧货商店的商品价廉物美

牛皮纸或壁纸

剪刀

喷胶

1 英寸宽的粘贴式维可牢尼龙搭扣

卷尺或标尺

布料

缝纫机

棉絮

两个"L"形支架

步骤

1　在行李箱内部衬上牛皮纸。按尺寸裁剪牛皮纸，用喷胶固定。

2　在略低于箱口边缘的位置贴上维可牢尼龙搭扣的较柔软的一面，围上一周。

3　打开行李箱，仔细测量尺寸，为了附上尼龙搭扣，给行李箱四边各多加 $1\frac{1}{2}$ 英寸。根据这个尺寸裁剪布面。沿着布料正面的整条边缘缝上尼龙搭扣。如果不用缝纫机，尼龙搭扣的黏着质感可能会让缝制有些困难。如果你这样觉得，试试质量较好的老式针线。

4　把布面翻到反面，对角折起四个角，这样就折起了预留的 1/2 英寸边缘。压平四个角，沿折痕内 1 英寸处缝线，用来容纳填充物。缝上四个角保证让四边折起（先用一张纸试试以便掌握要领）。你正在做的是盖在棉絮上的"床罩"。

5　在箱子里装入你选择的填充物，我们挑选的是人工棉絮，如果宠物有过敏体质，你也可以用低过敏性材料。棉絮满出箱子后，把布面按到箱子的尼龙搭扣上，仔细地弄平角落处的褶皱。

6　为了宠物的安全，保证行李箱一直敞开。你可以拆掉铰链，也可以在铰链边装上"L"形支架。当地五金店可以帮你根据箱盖的重量挑选合适的"L"形支架。

安全小贴士：喷胶有毒性，在使用时请戴上面罩、打开窗户。在使用前保证房间充分通风，每次少量喷涂。

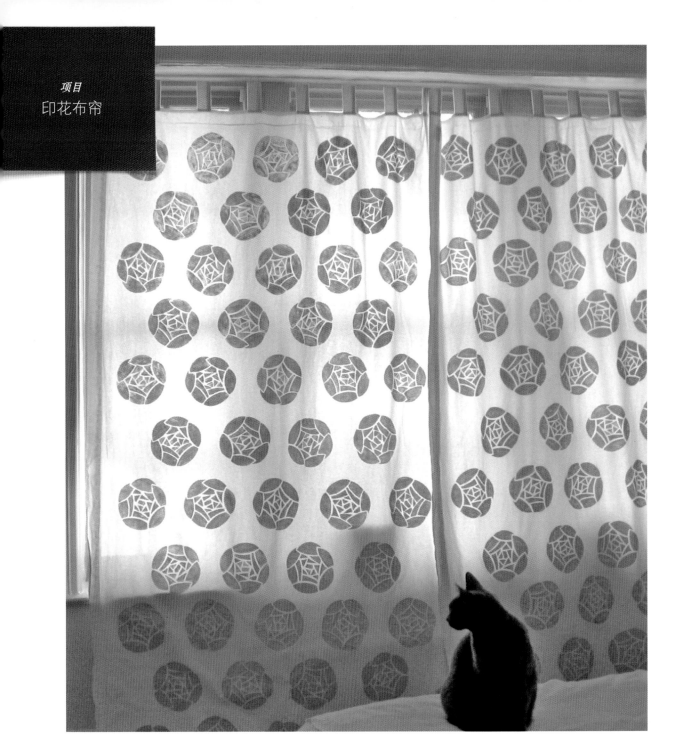

B布鲁克林设计师克拉拉·克莱恩非常喜欢设计重复元素，因此她决定为卧室窗帘制作一个简单的泡沫模板。她亲自设计、裁切模板，既降低了预算，又为家里添加了一件充分展现个人风格与品位的装饰。

设计者
克拉拉·克莱恩
（Clara Klein）

花费
32美元

时长
4小时
（外加干燥时间）

难度
★★★☆

材料

手工泡沫纸

美工刀

工艺胶

作为支撑的硬纸板

布料——宜家的窗帘
都有衬里，这样背面
就不会印出印花

牛皮纸

柔软的水彩画笔

丝网印刷用墨

沉重的擀面杖

熨斗

步骤

1　设计图案并将其描到手工泡沫纸上，沿着轮廓裁下。如有需要，修剪边缘。

2　把泡沫纸用胶水粘到硬纸板上，制作一个大型的印章。

3　把窗帘放到工作台上。把牛皮纸垫在窗帘下或夹在窗帘和衬里之间，因为一些油墨会浸透布面。

4　开始为图案上色。克拉拉用柔软的水彩画笔尽量平均地为印章蘸上油墨（否则在阳光下挂起窗帘后，不完美的地方将会一览无余）。接着把印章盖到窗帘上，用擀面杖在上面前后滚动，保证印墨均匀。继续上墨、印制。

5　结束翻印后，晾干窗帘，最后熨烫窗帘，将油墨热定型。

M绣有花押字的手帕可能有些过于老式，甚至过时，但是一旦使用有趣的现代图案和精选的字体，它们就可以成为生日、节日，甚至婚礼的绝佳礼物。Design * Sponge 的编辑凯特·普鲁伊特用冷冻纸（一面是蜡质层，另一面可以让你用熨斗转印图案）转印她挑选的花押字和对接收者有特殊意义的图案，比如一只宠物的剪影、一副眼镜的商标。从简单的首字母到作为乔迁之礼的房屋轮廓，你可以选择任何图案。

设计者

凯特·普鲁伊特
（Kate Pruitt）

花费
10美元

时长
2小时

难度
★★★★

材料

电脑和打印机

清洗过的正方形布料
（16×16 英寸）

标尺

铅笔

线和大头钉

缝纫机
（或无需缝纫的易熔边带）

剪刀

熨斗

冷冻纸

美工刀和切割垫

布彩颜料

小泡沫刷

~~~~~~~~~~ 步骤 ~~~~~~~~~~

1 设计花押字母，打印出不同大小的版本，以决定在手帕上使用哪种。你的正方形手帕将会是 14×14 英寸，因此你的设计将会是大约 2~3 英寸大小。可以使用黑白打印，因为你的图案最终会是单色的。

2 在布料背面中央用标尺和铅笔标出 14 英寸的正方形，这样四边就会有 1 英寸的褶边。将边缘翻折 1/4 英寸到布料背面，压好，再翻折剩下的 3/4 英寸，压好，用大头钉固定。然后缝制褶边，剪去多余线头。接着修剪褶边，用熨斗烫平。

3 在冷冻纸上打印最后的图案（裁成标准的 8.5×11 英寸大小的冷冻纸很容易穿过打印机）。用美工刀仔细地划掉图案和字母。务必慢慢地、精确地去掉所有想要印在手帕上的花样。

4 加热熨斗，把冷冻纸模板放在手帕的印制位置。小心地熨烫冷冻纸，用中档反复熨烫。冷冻纸会粘在布料上，留下漂亮干净的线条。

5 模板粘上手帕后，剪一块稍大于模板图案的冷冻纸，熨烫到手帕印花位置的下方。这样能保证油墨不溢出布面。

6 在泡沫刷上蘸上少量布彩颜料，涂抹整个图案，特别是角落和边缘。如果你用的是浅色颜料，比如白色，你需要涂抹多次。充分晾干每层颜料，再涂抹另一层。

7 颜料干透后，揭下手帕正反面的冷冻纸。

小贴士：这些手帕需要按照布彩颜料的指示说明清洗。我建议用冷水手洗。

项目
多孔挂锅板

翻到第24页看看格蕾斯
家中的多孔挂锅板。

W在设计厨房时，我像帆船设计师一样尽量创造多功能存储空间，既利用垂直空间，也利用水平空间。受茱莉亚·乔德（Julia Child）的挂锅墙启发，我决定利用房间的一小块墙壁打造我自己的多孔挂物板。尽管不是最有经验的木匠，我还是制作了一个简单的木框，把多孔挂物板刷成鲜橙色以搭配墙面，然后挂到框架上。现在所有的锅子、盆子和盖子都有处可放，又不占据宝贵的橱柜空间。

设计者
格蕾斯·邦妮
（Grace Bonney）

花费
20美元

时长
3小时

难度
★★★★

步骤

1　把多孔挂物板放到墙上想安置的地方，轻轻地用铅笔描出轮廓。

2　根据墙上的轮廓，用薄木板制作一块"画框"。它不仅将是多孔挂物板的支撑，还将为多孔挂物板背面创造了足够的挂钩空间。

3　沿着墙上的轮廓内侧拼接出长方形的木框，用螺丝钉固定木板。如果墙是中空的，或是要在挂物板上挂很重的锅盆，为了安全务必使用木框支撑。

4　将多孔挂物板平放在塑料防水布或油布上，开始涂底漆。涂上很薄的底漆，这样小孔不会粘上底漆，也不会堵塞。干燥后，刷上薄薄一层涂漆。在这里很适合使用用来粉刷平面的滚筒。如果小孔开始堵塞，用铅笔尖清除多余涂漆。接着风干。

5　多孔挂物板风干后，用螺丝钉钻过多孔挂物板上的小孔把它固定到木架上。尽量多用几个螺丝钉确保稳固。在螺丝钉上涂漆，覆盖金属表面。然后风干。

6　用钉板挂钩悬挂锅盆。

材料

多孔挂物板

铅笔

四块木条，1~1 1/2 英寸厚
（我用的是旧木条），长度、宽度照多孔挂板切割

螺丝钉

螺丝刀

塑料防水布或油布

底漆

漆刷或滚筒

涂漆
（我用的是本杰明摩尔涂漆的番茄红色）

钻头

钉板挂钩

S小户型往往意味着有限的储藏空间，若是一件家具或饰物能起到双重功用，那就太棒了。德瑞克和劳伦用他们钟爱的羊毛军毯打造了这些舒适而简易的坐垫，招待不期而来的客人，还利用冬日毛毯和其他枕头制作了内芯！当他们更换冬日寝具时，他们可以把它们藏进坐垫里，还可以成为客人的坐垫。

设计者

德瑞克·法格斯特朗和劳伦·斯密斯
(Derek Fagerstrom and Lauren Smith)

花费
两个坐垫25美元

时长
2小时

难度
★ ★ ★ ★

步骤

1　挑选坐垫的布料（一些军毯在两端饰有条纹，很适合做坐垫），每个坐垫需要裁两块正方形布面，每条边比坐垫成品的尺寸长 1 英寸（德瑞克和劳伦为大坐垫裁了两块 29×29 英寸的正方形，为小坐垫裁了两块 19×19 英寸的布面）。

2　将拉链的一边放在布面底边的正中间，正面相接，对齐散口。把拉链边用大头针钉在布面上，接着用拉链压脚缝合。针脚尽量靠近拉链齿。

3　拉开拉链，正面相接地把拉链的另一边缝到第二块布面上。如果拉链长度短于布面，缝好拉链后再缝合拉链两端的布料。

4　将两块布面的一边缝好后，正面相接地缝上两块布面的另外三边，拉开拉链，修整角落，把坐垫正面拉出来。

5　把被套叠成正方形（或是把枕头叠成一半），填入坐垫，完成后拉上拉链。

材料

一块羊毛军毯可以做成一个大的（28×28 英寸）或两个小的坐垫（18×18 英寸）

剪刀

卷尺或标尺

相衬的拉链，长度尽量接近坐垫成品的宽度

大头钉

带拉链压脚的缝纫机

相衬的线

用来填充的被套、被子或枕头

T在大城市生活的很多人都忍受着狭小的浴室。在这有限的空间里，任何平面和橱柜都必须有多重功能。德瑞克和劳伦决定打造一块浴帘，摆放浴室用具和换洗衣物。用轻质的粗斜纹棉布和扣眼就可以打造这一外观，你还可以用缎带、镶边、装饰布面轻易地自制一个独一无二的浴帘。

设计者
德瑞克·法格斯特朗和
劳伦·斯密斯
(Derek Fagerstrom and
Lauren Smith)

花费
30美元

时长
3小时

难度
★★★★

材料

卷尺或标尺

布料，相衬的线

缝纫机

熨斗

裁缝划粉或铅笔

12 个扣眼和孔眼穿孔机
（布料商店有售）

剪刀

锤子

~~~~~~~~~~~~~~~~~~~~~~~~~~~~~ 步骤 ~~~~~~~~~~~~~~~~~~~~~~~~~~~~~

*开始之前：*根据浴缸的深度，你希望拉紧浴帘还是让它自然垂下，计算需要多少布料。记得你可能需要将两块布料拼在一起才能获得希望的长度。测量浴缸的长度以及浴帘杆到地面的距离。为浴缸的长度多算一些尺寸（如果你希望浴帘随意垂下的话，那就需要加长更多），然后测量布料的宽度，最后计算你需要多少布料。记得多算一些做收纳袋的布料。

制作浴帘

1 如有需要，拼接两块布料以达到浴帘长度的需要，把缝边敞开压平。测量布料并裁下。它应该比你想要的浴帘尺寸至少长 7 英寸、宽 2 英寸。

2 把布面两边折进 1/2 英寸，压平，再折进 1/2 英寸以藏好毛边。用缝纫机缝上两条折边。

3 将布面顶边折进 1/2 英寸，压平。再折进 3 英寸并压平，缝上折边，留出 3 英寸的边缘。对布面底边重复这一步骤。

4 用裁缝划粉或铅笔标记孔眼的位置，在浴帘顶边装上 9~10 个扣眼。接着照着孔眼穿孔机的指示说明在标记位置打出小洞，然后用锤子固定扣眼。

制作收纳袋

5 为了做出图中的收纳袋，裁剪一块 16×45 英寸大小的布料。接着再裁出第二块 16×12 英寸的布料和第三块 16×6 英寸的布料。

6 将两块小布面的顶部（16 英寸的一边）毛边折入并缝好。

7 将三块布料沿底边对齐并缝好（如果三层布料太厚，难以放进缝纫机，移去一块再缝）。把两边折进 1/4 英寸，压平，再折进 1/2 英寸，缝好两边。以同样方式缝制收纳袋的底边。

8 缝制一两条线以形成口袋。

9 处理最长的一块收纳袋布料的顶边，按制作浴帘的方式为它装上 2~3 个扣眼，挂在浴帘外面。

W我们总会有一两副旧银器，或是因洗碗机弄坏过的叉子。凯特决定在厨房功能外为这些旧银器寻找新用途。她折起银叉，打造了一个创意窗帘挂钩。现在即使是最不起眼的叉子也能在厨房中重获新生。

设计者
凯特·普鲁伊特
(Kate Pruitt)

花费
13美元

时长
1小时

难度
★★★★

~~~~~~~~~~~~ 步骤 ~~~~~~~~~~~~

1　清洁、擦亮所有银器。

2　拿住叉柄或把它夹到桌子上，用钳子拉直尖齿，弄平叉面。尽量将钳口钳到尖齿根部，这样你就能弄平整个叉面，而不仅是叉子尖。

3　把弄平的叉面用夹子固定到桌上，底下衬一块旧木板。用永久性马克笔在紧靠叉面中心的左右两侧标记两个小点。用带有 3/8 英寸钻头的钻孔机在这两个小点上打洞。不用花多少力气金属钻头就可以穿过银器，不过会花一些时间，请耐心地保持钻孔机垂直，并不断施压。

4　现在可以弯折银叉了。决定你比较喜欢叉柄正面的还是反面的设计。如果你喜欢叉柄反面，用夹子将叉子正面朝上固定。如果偏爱叉柄正面，把叉子翻到反面夹住。在准备弯折叉柄的位置的下方夹上夹子。

5　用钳子钳住叉柄，将其从水平方向弯折到垂直方向。这样叉面和叉柄就呈 90 度角了。

6　松开叉子，再次把夹子夹到上次夹的位置的下方约 1$\frac{1}{2}$ 英寸处，并固定到桌上。重复步骤 5，将平放的叉柄部分垂直弯折。比起 90 度角，你可以试着将叉柄折得更有弧度，不过垂直角度是我们用这些工具所能得到的最清爽的形状。

7　若是想为银叉着色，先把它放在报纸上，然后喷上一层底漆。底漆干燥后，再均匀喷上两层涂漆。

8　现在可以将叉子安置到墙上了。穿过步骤 3 在叉面上钻出的小孔，在墙上钻两个小孔，旋入两个螺丝钉以固定叉子。

其他方案：银勺挂钩

　　若是想用银勺制作窗帘挂钩，你需要在勺面正中央钻一个小孔。照着同样步骤弯折银勺，不过你需要将勺子正面朝上，弯折后将会露出勺柄反面。这是因为勺子翻到反面后不易于固定到垂直的墙面。

材料

镀银餐具
（最好是银叉）

两个中号夹子

尖嘴钳

旧木板

永久性马克笔

带有 3/8 英寸钻头
的金属钻孔机

报纸（可选）

喷式底漆（可选）

喷式涂漆（可选）

———— 小贴士 ————

银叉最适合这个改造项目，不过你也可以用银勺（见其他方案）。银刀不适用，因为它们太厚，而且不易弯折。

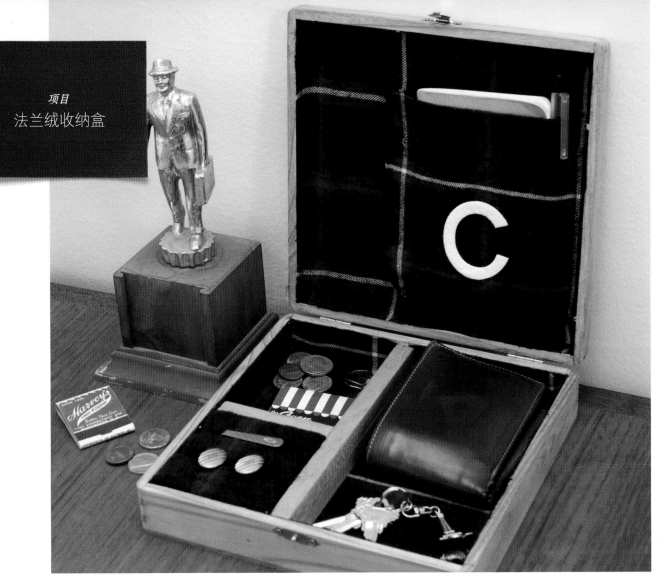

I 凯特总能为我提供利用家中现有材料的巧妙构思。凯特用一件旧法兰绒衬衫制作了一个送给男友的收纳盒。只需简单地裁剪衬衫，垫入盒中，再加上几块隔板用来收纳小物品，就能完成制作。

〜〜〜〜〜〜〜〜〜〜〜〜〜〜〜〜〜〜〜〜〜 步骤 〜〜〜〜〜〜〜〜〜〜〜〜〜〜〜〜〜〜〜〜〜

1 为木盒着色或上漆。接着风干。

2 测量木盒里底层的大小和深度。如果里面已经有隔板了，测量每个小格内的底层大小和深度。之后你将裁剪一块长方形的布面来为木盒加衬。

3　裁下法兰绒衬衫的袖子。在衬衫背面尽可能裁出一块最大的长方形。尽量贴近衬衫缝边和领口裁剪。将长方形布料背面朝上展平。在背面用标尺按小格的尺寸画出长方形。注意让长方形的四边与布面的方格花纹相平行。为每条边加上 1/4 英寸，裁出布面。

4　在收纳盒底层涂上薄薄一层胶水，尽量不要粘到侧边。如果有很多收纳格，只需粘上其中一格。接着小心地把布面正面向上垫入木盒。弄平褶皱和凸起，确保摆正布面的方格花纹。侧边的布面将会在下一步粘贴。

5　如果木盒里有预置的收纳格，对每个小格重复步骤 4。接着在木盒或小格的边缘涂胶，粘上布面并弄平。在多出的布面的角落剪出 45 度角的开口，折入多余的边缘让它们稍稍重叠。接着从角落开始修剪边缘，然后晾干。用 X-Acto 牌笔刀沿着顶部边缘裁去任何多出的布料。

制作隔板

6　测量盒子的深度，按尺寸切出巴杉木条。仔细地打磨木条以达到需要的长度。当木条可以紧密地卡入木盒时，就可以开始固定了。如有需要，可以为其着色或上漆。用铅笔在木盒边缘的顶部和底部标记小点，作为固定参照。在巴杉木条底部喷上少量热熔胶，对齐小点插入木盒。添加其他隔板时重复这一步骤。

袖扣插缝

7　测量袖扣收纳格的尺寸，按宽度剪下一块长方形泡沫，长度应比小格长 1/4 英寸，这是因为在填入泡沫时我们必须轻压泡沫才能创造袖扣插缝。在长方形泡沫上用标尺和铅笔画出等距的三条直线。用标尺和 X-Acto 笔刀沿直线切割泡沫。不要切到底，只需切到泡沫的 3/4 深。

8　从衬衫上剪下一块长方形，宽度同泡沫，长度为泡沫的两倍，以便将多余布料塞入缝隙。在第一小块泡沫的表面涂上黏胶，粘上布面。接着在第一个缝隙两面涂上黏胶。然后将布面折入缝隙，越深越好，保证摆正方格图案。再以相同方式把布面塞入其他插缝。用布料包裹到泡沫底部形成 1 英寸边缘。剪去多余布料，把 1 英寸边缘粘到泡沫底部。

9　在袖扣收纳格的底层喷上一层胶水，填入泡沫，尽量把它往中间压，以便在侧边喷上一些热熔胶。接着松开泡沫，让它自然地填满收纳格。立刻用棉签清除多余黏胶。

口袋装饰

10　沿着边缘完整地剪下衬衫口袋，注意留下缝边。把口袋的背面贴到预想的位置。确保在整个背面涂满黏胶，然后用力压紧，直到完全粘好口袋。加上花押字母或是其他点缀。

设计者

凯特·普鲁伊特
(Kate Pruitt)

花费
20 美元或更少

时长
4~5 小时

难度
★★★★

材料
————————

木盘或木盒
（工艺品商店或家居用品商店有售。你需要一个设计简单的只有一两块隔板的木盒，或是边缘有两三英寸高的木盘）

着色剂或涂漆（可选）

漆刷

巴杉木条
（1/2×2×36 英寸，工艺品商店或艺术用品店有售）

标尺

裁缝划粉

法兰绒衬衫
（有口袋的更好）

剪刀

永久性马克笔

布用胶水
（或 Elmer's 牌胶水）

X-Acto 牌笔刀

热熔胶和胶棒

2 英寸厚的小块泡沫
（约 3×5 英寸）

项目

猫用硬纸抓板

E Design * Sponge 的编辑凯特·普鲁伊特每几周就要在当地杂货店为她的宠物猫购买新的抓板。可是她仔细看过才发现它只是个装满瓦楞纸的盒子！比起在这儿花钱，她决定自己用旧运输盒制作一个带装饰边缘的抓板。现在小猫有了抓板，凯特也找到了再利用旧包装盒的方法。

设计者
凯特·普鲁伊特
(Kate Pruitt)

花费
30美元或更少

时长
2小时

难度
★★★★

材料
─────✦─────

硬纸箱
（任何大小、种类，至少
需要五个中号的箱子）

标尺

X-Acto 笔刀

遮蔽胶带

旧纸张、毛毡、布料
（可选）

胶水（可选）

─────── 步骤 ───────

1　决定抓板的高度（凯特的高 4 英寸）。

2　测量、裁出相同宽度的硬纸条，让硬卡纸的皱褶垂直于边缘。

3　用手卷起一张卡纸条，折起每个皱褶处。硬纸板将会自然弯曲。

4　用圆筒紧紧地卷起卡纸条，用胶带定型。这将是抓板的中心。

5　在第一张卡纸条末端接上第二张卡纸条，用两段遮蔽胶带固定。挑选平整的一面作为抓板的表面。另一面不平整也不要紧，因为它仍能平稳地摆放，而抓板表面仍然很完美。

6　不断加上卡纸条，直到纸卷直径至少达到 1 英尺。确保每张卡纸条紧贴前一张的末端，并把抓板卷紧。

7　裁好装饰纸或布料，包裹边缘。用胶带固定。

8　在装饰纸或布料上描出抓板的形状并剪下。用胶带或胶水粘到抓板底部。

小贴士
──────✦──────

可以把猫薄荷洒在抓板
上面，底部的布料或衬纸
可以防止漏洒。

I受杂志上的枫叶首饰架启发，Design * Sponge 的编辑凯特·普鲁伊特决定自己打造一个经济实惠的首饰架，展示她最爱的首饰。她用电脑做了一个半身像模板（你可以在 www.designsponge.com/templates 下载），打造了一个木制首饰架，很适合放在梳妆柜上，也可以挂在墙上。

设计者

凯特·普鲁伊特
(Kate Pruitt)

花费
10美元

时长
3小时

难度
★ ★ ★ ★

材料

半身像模板

木板，至少 1/2 英寸厚、
长宽 12 × 17 英寸

铅笔

两个台钳

护目镜和防尘口罩

线锯（带细齿，用来精细
切割）

9 × 12 英寸的木制底座
（工艺品商店有售）

磨砂纸

塑料罩布

白色涂漆

漆刷

4 英寸的 "L" 形金属支架
（五金店通常成对出售）

两把钳子

四个 3/4 英寸的螺丝钉

螺丝刀

~~~~~~~~~~~~~~~~~ 步骤 ~~~~~~~~~~~~~~~~~

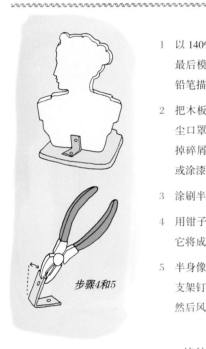

步骤4和5

1　以 140% 比例打印模板（或是打印出来，以 140% 比例复印）。最后模板应宽约 11 英寸，高约 17 英寸。接着剪出模板，用铅笔描到木板上。

2　把木板夹到工作台。戴上护目镜，用线锯锯出形状。戴上防尘口罩，磨平半身像和底座木板的所有表面，抛光边缘，磨掉碎屑。清理表面锯屑，将半身像和底座放在塑料布、报纸或涂漆罩布上。

3　涂刷半身像和底座，接着风干。

4　用钳子将 "L" 形支架的角度弯成略小于 90 度角，组装好后它将成为半身像的支架。

5　半身像和底座风干后，对齐 "L" 形支架和半身像的底边，将支架钉到半身像背面，接着钉到底座木板上。把支架刷成白色，然后风干。

其他方案：挂在墙上

若是不用底座，可以按照以下步骤制作挂在墙上的首饰架。

1　以胸口位置、颈部以下若干英寸的位置为中心，用 2 英寸的螺丝钉在首饰架背面钉上一块 1¼ 英寸厚的木板（确保螺丝钉不会穿出半身像的正面）。

2　在木板的最顶端的左右两个角落（即最远离半身像中心的位置）钉入两个吊钩。

3　涂刷木板并风干。最后挂到墙上的两个钉子上。

小贴士

用线锯的关键在于处理细节。不要完全沿着模板的轮廓切割，而是沿着小部位的轮廓切去多余部分，以各种不同角度切割边缘，以获得最干净的轮廓。这意味着你要切割很细微的部位，特别是鼻子和唇部，不过如果你锯得很慢、很小心，你会得到漂亮、干净的线条。如有需要，调整模板的位置以获得最好的切割角度。

W 谁说小鸟就不能在游乐园中享受生活？ Design * Sponge 的编辑德瑞克和劳伦用两个竹制餐盘、一个螺纹杆和一个松果打造了一个狂欢节主题的零食盘。这个自制的零食盘既实惠又容易制作，成为了德瑞克和劳伦后院的鸟儿的迷你零食站。

设计者

德瑞克·法格斯特朗和劳伦·斯密斯
(Derek Fagerstrom and Lauren Smith)

花费
10美元

时长
1小时

难度
★★★★

步骤

1　在每个餐盘中心钻出一个小孔。

2　在一个餐盘背面和另一个餐盘正面做上记号，贴上胶带，用涂漆刷上花样。德瑞克和劳伦还把螺纹杆涂成了橙色。如有需要，在盘子上涂上一层聚氨酯保护涂层。

3　涂漆干燥后，在每个盘子两侧夹上螺帽和垫圈，接着固定在螺纹杆两端。

4　在零食盘顶部系上一根单线或麻线，可以把它悬挂到屋檐或是雨棚下，特别是在雪地或是潮湿的地方。在下面的盘子里撒上鸟食。你还可以在松果上涂上花生酱，滚上鸟食，用单线吊到零食盘的下方。

材料

带 5/8 英寸钻头的钻孔机

两个盘子
（我们用的是 Bambu 公司
的 11 英寸的竹制餐盘）

标尺

铅笔

绘画胶带

丙烯酸涂料（无毒性）

水性聚氨酯涂漆（可选）

漆刷

12 英寸长、直径 1/4 英寸
的螺纹杆（五金店有售）

四个 1/2 英寸的螺帽和垫圈

单线或麻线

鸟食

松果（可选）

D Design * Sponge 的编辑凯特·普鲁伊特厌倦了当地园艺用品店里的喂鸟装置，决定自己打造一个。她用宜家的木碗、剑麻绳和汽水瓶为自家后院打造了一个有趣的橡果形鸟食瓶。当鸟儿吃完后，凯特可以再制作一个新的鸟食瓶，重新挂上。

设计者
凯特·普鲁伊特
(Kate Pruitt)

花费
30美元或更少

时长
2小时

难度
★★★☆

步骤

1 清理晾干汽水瓶。把瓶子的底部 4 英寸瓶身全部剪去。在瓶盖上钻出一个小孔，以便穿过绳子。

2 用烹饪喷雾油润滑瓶子内部，以便鸟食顺利滑出。在瓶盖上穿过一根绳子，瓶盖口留出 5 英寸的线头，另一个开口留出 12 英寸。

3 根据说明制作明胶，使用冰水让其快速凝固。向明胶中慢慢倒入鸟食并搅拌，让鸟食完全覆上明胶并黏合在一起。这过程需要两三罐鸟食和半袋明胶。注意不要放太多，鸟儿不喜欢过多的明胶。

4 把鸟食填入汽水瓶，一只手拉直瓶子中央的绳子，另一只手在绳子周围填实鸟食。装满后再次压实。接着在冰箱里冷冻几个小时，再拿出来干燥几个小时。然后轻拍瓶子，拿出定型后的鸟食。你可以拿下瓶盖，从瓶盖口轻推，从另一头轻轻拉出鸟食。

5 在鸟食较圆的一端，把绳子分成两股，十字交叉地系上两根细木棒作为小鸟的垫脚处。

6 在木碗的中央钻出一个小孔。在鸟食较平的一面上方一两英寸处将绳子打一个结，接着把木碗穿到绳子上。在木碗上方再打一个结，接着再打一个用来悬挂的大结。剪掉多余的绳子。

材料

汽水瓶
（底部应该可以服帖地
放进碗里，也可以用
赤陶罐代替）

剪刀

钻孔机

烹饪喷雾油

剑麻绳

一袋明胶

混合鸟食

木碗

两根细木棒，直径 1/4 英寸，
长度与木碗的直径相同

I 看到英国设计师丽莎·斯蒂克莉（Lisa Stickley）设计的瓷器桌布系列后，凯特·普鲁伊特决定打造一个属于自己的版本。为了捕捉春天的气息，她选用了鲜花图案，将其打印到喷墨转印纸上，接着熨烫到桌布和餐具垫上。这个项目的关键在于使用简单、高分辨率的图案，以便裁剪出干净的线条。如果不喜欢鲜花图案，你也可以转印花押字母，还可以为生日宴会特制一套餐具垫。

设计者
凯特·普鲁伊特
(Kate Pruitt)

花费
17美元
（十块桌布）

时长
1~2小时

难度
★★★★

〜〜〜〜〜〜〜〜〜〜〜〜〜〜〜〜〜〜〜〜 步骤 〜〜〜〜〜〜〜〜〜〜〜〜〜〜〜〜〜〜〜

1 把照片上传到电脑里，调整大小。在几张 $8^{1}/_{2} \times 11$ 英寸的纸上打印黑白图案，确认你满意它的大小和细节。图案应该是可以裁剪出完整边缘的独立物品。

2 挑选完图案并确认大小后，根据包装说明在转印纸上彩色打印。选择打印机的最高质量配置。如果家里没有打印机，当地打印店也可以为你打印。

3 让转印图案风干。同时，用非蒸汽、高温模式熨平餐具垫和桌布上的褶皱，接着让它们冷却。

4 剪下转印纸上的图案。紧贴着物品的边缘裁剪，剪掉所有多余的东西。接着把剪下的转印纸放到桌布上，按照包装说明熨烫。

5 按照包装说明进行冷却，揭下转印纸并为图案定型。

小贴士：反着转印图案，因此如果你想要转印文字，你需要先在电脑上翻转一下。

材料

食物、菜肴、人物、餐盘等任何想要的照片，不过需要有高分辨率

电脑

喷墨转印纸

彩色喷墨打印机

桌布和餐具垫
（这些来自宜家，每个价格不到 1 美元）

熨斗

剪刀

M从寝具到餐具，花押字母都是经典的设计图案。凯特决定制作一个属于她的花押字母花艺，将它全年挂在前门上。她在仿制藤条上缠绕廉价的钢丝作为框架，完成了一个苍翠的花艺摆设，还不需要保养和高价费用。

设计者
凯特·普鲁伊特
(Kate Pruitt)

花费
25美元

时长
2~3小时

难度
★★★☆

─── 材料 ───

藤条花环
（这里我们用了葡萄藤卷成的花环，可以在工艺用品店或花艺用品店找到，它约有 12~15 英尺长，做一个花环足足有余）

打包钢丝
（或花艺用线，不过打包钢丝更加便宜，五金店有售）

钢丝钳

花艺用细金属线
（颜色与叶子相配）

剪刀
（必须很坚固，适合修剪枝叶）

做花艺的树叶、花朵等

~~~~~~~~~~~~~~ 步骤 ~~~~~~~~~~~~~~

开始之前：设计花押字母。测量悬挂位置的大小以决定花环的尺寸。

1. 解开仿制藤条，缠绕上钢丝，直到将钢丝绕到藤条末端或是你需要的藤条长度的末端。用钢丝钳剪断钢丝，将它紧紧绕在藤条末端。现在有了钢丝支撑，藤条就更容易做出造型了。你可以在需要的地方弯折、修剪，若是藤条不服帖，那就再缠上一些钢丝。

2. 在藤条打环、重叠、连接的地方再次绕上钢丝，加强固定。不断弯曲藤条直到达到你满意的效果。放到预想的位置，看看大小是否合适，注意加上叶子后它会变得更饱满。

3. 剪下长度为 6~8 英寸的细金属线。我们需要很多这样的金属线，用来把绿色细枝固定到花艺上。

4. 用剪刀或修枝剪来打造小树枝。在每个小绿枝底部绕上细金属线，同时留下一些长度用来绕到藤条上。

5. 准备好细枝后，决定它们朝向哪个方向，然后添加到藤条上，将细金属线绕到藤条后面固定。你只需要把细枝加到藤条正面和侧面。不断制作、添加细枝直到整个藤条造型被完全覆盖。露出的钢丝可以用绿叶遮盖。

6. 拿起字母花艺，决定在哪里装一两个挂环。把花艺转到背面，穿过细金属线，然后将金属线弯曲成环。

W 谈论到中古衣物时，艾米·梅瑞克是 Design * Sponge 团队中的专家。她的衣物、配饰收藏令人称羡，会成为这个项目的灵感也不足为奇。艾米用多余的布料制作了这些布艺衣架，用于悬挂她最爱的中古物件。包上多彩的花纹布面后，就算是最不起眼的衣架也能变得优雅迷人。

设计者
艾米·梅瑞克
（Amy Merrick）

花费
免费

时长
1小时

难度
★★★★

步骤

1 在废纸上描上衣架的轮廓。在轮廓顶部和底部各加上 1/2 英寸的缝份。

2 在布料上描上两个衣架轮廓并裁下。

3 把底边折入 1/4 英寸，缝上边。用大头钉把两块布面的正面钉在一起，沿顶部缝上边缘，中间留下 1/2 英寸的开口，以便塞入衣架。底边不用缝上，方便日后替换衣架。

4 把布料正面翻出来熨烫。我在开口处手缝了一个小蝴蝶结，因为我喜欢它的少女气息。

材料

金属衣架

废纸

标尺

至少长宽 14×9 英寸的布料

剪刀

缝纫机

线

大头钉

熨斗

如果你像我一样不擅长手工，一个玻璃盆景是把绿意带入家里的好方法，它不需要像大型植物那样精心打理。来自布鲁克林的花艺店 Sprout Home 的泰西·齐默曼打造了这个玻璃盆景，为没有过多空间、园艺技术或养护时间的人们打造了这个迷你景观。

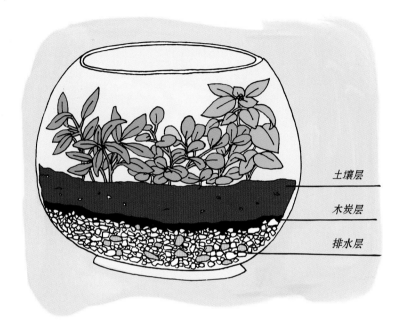

土壤层

木炭层

排水层

设计者
泰西·齐默曼
（Tassy Zimmerman）

花费
根据容器和植物
种类而不同

时长
30分钟

难度
★★★☆

材料

玻璃容器

河砾石、小碎石

木炭

土壤

〰〰〰〰〰〰〰〰〰〰〰〰〰 步骤 〰〰〰〰〰〰〰〰〰〰〰〰〰

1 挑选容器。在挑选之前，先决定种哪些植物。玻璃盆景内的植物必须对阳光、水分等环境要求相同。如果你想在自然光线下养育喜爱阳光的植物，选用开放式容器。如果植物需要高湿度环境，选择封闭式容器。不论是哪种容器，都应该选择生长缓慢的植物。

2 在容器里填入 1~4 英寸的排水材料。可以用河砾石，小碎石或碎陶片也不错。在这层上面盖上薄薄一层木炭。

3 所用土壤取决于所种植物的需要（有仙人掌 / 多肉植物土壤和盆栽土两个大类）。确保放入足够的土壤，以便在当中挖一个洞，填入植物根部土壤。比如说，如果你想种的蕨类的根部土壤有 4 英寸，那么你就需要填入至少 4 英寸的土壤。总的来说，排水层、木炭层和土壤层应该平均地各占 1/3。

4 放入容器前，确认修剪好植物，并且没有昆虫和疾病。先把最大的植物安置好，再放入较小的，最后种上地被植物。不要忘了加上一些点缀，比如小动物雕像。

石莲

串珠草

姬凤梨

虎尾兰

芦荟

绿珠草

挑选玻璃盆景

要求

- 为了透过阳光，容器必须是玻璃或其他透明材质的。
- 容器必须有足够大的开口，可以放入碎石、土壤和植物。
- 一个玻璃盆景里的植物对环境的要求应该相似。
- 容器使用前必须充分清洁，以防细菌生长。

分类

开放式：植物可以直接接受阳光照射。不过，过多阳光可能会烧焦紧靠玻璃边的叶子。

封闭式：封闭式盆景也可以是开放式盆景加盖而成。必须把它们放在间接接受照射的地方。在阳光的直接照射下，容器内的温度会大幅上升，最终烧死植物。

养护

温度：封闭式盆景会吸收热量维持温度，过多的热量将会是植物死去的主要原因。绝不能将其放在散热器上，也不能放在阳光直接照射下。

光线：新种的盆景必须在荫蔽处安放一周。然后按照植物的需求调整位置。比起直接照射，大多数植物喜欢分散的或是过滤的阳光。也可以使用人造光线。

阳光过多：叶子会枯萎，出现烧焦的斑点。把玻璃盆景搬到更阴暗的位置。

阳光过少：植物长出的茎长而细，无法支撑叶子。叶子变得苍白而脆弱。慢慢地增加阳光。

蕨类

枪刀药草

鹅掌藤

翡翠木

水分

开放式：浇水前查看土壤的状态。对于喜欢湿润土壤的植物，浇水前，土壤表层应该几乎是干燥的。对于喜欢开放式容器和沙质土壤的仙人掌和多肉植物，轻触表层下面的土壤，应该只是略微潮湿。

封闭式：几乎不需要浇水。

过于干燥：叶子枯萎且颜色暗淡。苔藓变成棕色，并且逐渐消失。浇上少量水，湿润叶子。

水分过多：水分过多会滋长霉菌，让植物腐烂。如果超过25%的玻璃壁上有冷凝水滴，移去盖子直到玻璃壁变干净。你可能要多移几次盖子。在封闭式玻璃盆景中，只能偶尔出现云雾。

网纹草

其他因素

植物生长：植物大小应该与容器大小成比例。植物长大后，需要修剪过于繁盛的部位。剪去枯叶，替换死去的植物，移去过大的植物。

霉菌：霉菌的出现说明你至少犯了以下三个错误中的一个：（1）盆景水分过多；（2）空气循环不好；（3）植物不适合在封闭式盆景中生长。立刻移去发霉的植物，让盆景充分干燥或增加空气循环来改善环境。

虫子：移去受灾部位，喷上杀虫剂。

清洁：保持容器清洁。去除玻璃上的水分或灰尘。去掉藻类，它们可能长满玻璃表面。及时移去枯萎的花叶，以免长出真菌。

景天草

阳光需求少的植物推荐：蕨类、苔藓、绿珠草、枪刀药草、网纹草、常春藤、豆瓣绿、虎尾兰、鹅掌藤。

阳光需求大的植物推荐：仙人掌、多肉植物，包括翡翠木、芦荟、串珠草、姬凤梨、石莲、十二卷、景天草。这些沙漠植物应该种在开放式盆景里，因为它们需要低湿度和干燥的土壤。它们还需要温暖的环境和长期光照。

常春藤

A 哈里根的好友曾告诉她她小时候家里经济拮据，不能置办新家具，于是她的母亲把找到的一个旧线轴当作咖啡桌使用。这个故事启发哈里根重新诠释这一构思，还将它做成了一个圆形书柜。

1 抛光线轴，去除所有尘土和碎片。务必小心，这些碎片很难处理。

2 为了标记放木钉的位置，将强力胶带十字交叉着粘到线轴中心的小洞上。估计胶带的中心位置，把横木规支点放在上面，旋转着画出一圈距离线轴边缘 $3^1/_2$ 英寸的标线。不要移去胶带，之后还会用到。

3 用圆规沿着标线每隔 6 英寸标记一个钻孔位置，数量取决于线轴的直径。（在标线上标记一个小点，然后把圆规支脚放在上面，拉开 6 英寸距离标记小点，接着用另一个支脚标记下一个小点。不断标记直到回到原点。）

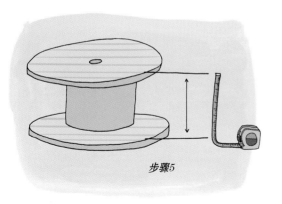

步骤5

4 用 3/4 英寸的铲形钻头在线轴顶层钻孔。

5 为了决定木钉的长度，测量线轴顶层表面到底层表面的距离。

6 按长度切割木钉，打磨两端去除碎屑。

7 用锤子把木钉敲入小孔里。把木钉紧紧地敲到底层。

8 为了绘制桌面上的装饰圆环，用十字交叉的胶带和横木规画出一条距离边缘 $4^1/_2$ 英寸的标线。

9 涂刷木钉、线轴的表面和底座。建议先涂上一层底漆，再重复涂上两层涂漆。

10 涂漆干燥后，用 220 克磨砂纸打磨后，为整个桌子喷上透明密封涂料。

11 等距装上三个滚轮，形成一个三角。用铅笔标记位置，用钻孔机安装固定滚轮。我使用的是宜家的带有说明的滚轮。

设计者

哈里根·诺里斯
（Halligan Norris）

花费
50~90美元

时长
5~6小时

难度
★★★☆

材料

工业线轴
（在当地废品站、二手商店、路边和 eBay 网找找）

电动磨光机或磨砂纸
（80 克和 220 克）

强力胶带

剪刀

横木规

铅笔

圆规

钻孔机

3/4 英寸的铲形钻头

标尺

直径 3/4 英寸的木钉（长度和数量取决于线轴大小）

带锯或手锯

锤子

1 夸脱底漆（可选）

1 夸脱涂漆，颜色任选

漆刷

透明防水喷漆（当地五金店或家居装修用品店有售）

三个滚轮（宜家的滚轮非常不错）和安装螺钉

螺丝刀

Desp(Design * Sponge 编辑凯特·普鲁伊特在制作这个靠椅长凳之前已经在脑海里构思很久了。最困难的是要找到三把造型不同，却有相同椅座高度的椅子，剩下的工作只需要一个 1/2 英寸厚的中等密度纤维板、一些夹子、装饰布面和 2 英寸厚的泡沫。"我很满意最后的效果，而且我非常喜欢这种奇怪的不协调感。"

1. 用钻孔机移去一把椅子的右把手和另一把的左把手。用钳子移去所有旧钉子。接着清洁、抛光，为椅子涂上喜欢的颜色。

2. 把椅子排成一列，沿着椅面前部边缘排齐，椅脚相触（椅面后半部分之间可能会有空隙，这并不要紧）。测量椅垫前后部分之间的距离，记下数据。接着移去椅垫，拿掉所有泡沫和布面，以便揭下椅座上的木片。这些木片将会是长凳坐垫的模板。

3. 在地上放上一块纤维板或中等密度纤维板。按椅子的顺序把坐垫模板放在纤维板上，保持模板的前部边缘与纤维板前边对齐。模板之间的间距参照步骤 2 测量的数据。

4. 用马克笔在纤维板上描出这三个模板的轮廓。如果椅面深度不同，轮廓后面就不是一条直线（如果你希望靠垫后方是一条直线，放上坐垫后，更深的椅面会有一部分突出）。把纤维板的这一面标记为正面。

5. 画好轮廓，并再三确认好所有尺寸后，夹紧纤维板。戴上护目镜，用线锯锯下坐垫形状，为了以防万一，沿着轮廓的外侧切割。锯好后，把纤维板放到椅座上查看是否贴合。去掉任何多余的部分。

6. 把泡沫放在干净的平面上，叠上锯好的纤维板。用永久性马克笔把纤维板的形状描到泡沫上。移去纤维板，用美工刀沿着轮廓切下泡沫。确认泡沫和纤维板的形状完全相同。在泡沫正面画上一个 X 标记。

7. 把布面反面朝上放到干净的工作台上，再依次反着叠上泡沫和坐垫。把布面紧紧拉到坐垫反面，钉上大头钉，保证间隔小而平均，务必确认泡沫和坐垫完全对齐。在布面折边上剪出小缝弄平褶皱，把边缘弄得平整。完成后把坐垫翻过来，检查正面是否平整，重新修整不服帖的地方。

8. 把长凳坐垫放到椅面上，摆正位置。检查坐垫的前后与椅面前后是否贴合。为了固定坐垫，从椅面底部原有的小孔处将螺丝钉钻入纤维板。你可以使用原来的螺丝钉，不过它们很有可能已经损坏或生锈了，因此我建议使用相同尺寸的新螺钉。

9. 用金属加固板或 1×2 英寸的木片加固椅座接触的地方，两个在前，两个在后。用几个螺丝钉将它们固定到椅子上。这些藏在椅座底下的加固板不需要完全保持水平，平时也看不见，却可以让长凳更易于抬起搬运。

小贴士：移去椅子坐垫后，椅面的深度和高度相同十分重要。如果高度只相差零点几英寸，你可以在椅子脚下垫上毡垫。在寻找椅子的时候，你会发现很多椅子扶手是以螺丝钉固定的，非常方便拆卸：一个在椅座下面，一个固定在椅子侧边的里面。请选择符合以上描述的扶手椅。

设计者
凯特·普鲁伊特
（Kate Pruitt）

花费
95美元

时长
1天

难度
★★★★

材料

两把扶手椅、一把无扶手椅（见小贴士）

钻孔机

钳子

磨砂纸

着色剂或涂漆（可选）

卷尺或标尺

1/2 英寸厚的中等密度纤维板或普通纤维板，尺寸为 24×60 英寸（尺寸可能会根据椅子大小不同而调整）

永久性马克笔

夹子

护目镜

线锯

2 英寸厚的泡沫，尺寸为 24×60 英寸（尺寸可能会根据椅子大小不同而调整）

美工刀或小刀

坐垫布面，至少 36×68 英寸（尺寸可能会根据大小不同而调整）

重型手动钉枪和订书钉

剪刀

螺丝钉（1 5/8 英寸）

四个金属加固板

受加拿大设计团队 Loyal Loot Collective 出品的原木碗所启发，凯特决定用院子里的落木上砍下的一些原木打造木罐，用来收纳小配饰，比如珠宝和袖扣。如果你从未在打孔机上使用过钻孔钻头，这是一个很好的尝试，它十分简单且易于操作，能钻出完美的小圆洞，用来收纳珍藏。

设计者
凯特·普鲁伊特
(Kate Pruitt)

花费
25美元

时长
2~3小时

难度
★★★★

材料

护目镜

原木
（直径约 4 英寸，长度
至少 12 英寸）

复合式斜切锯

笔

标尺

台钳

旧布或毛巾

钻孔机

$2\frac{1}{2}$ 英寸的钻孔钻头

粗砂纸和细砂纸

木材密封涂料

漆刷

两块手工艺毛毡

剪刀

热胶枪和胶棒

步骤

1　戴上护目镜，用锯子把原木切割到想要的高度。如果它们已经达到理想的高度了，却不能垂直摆放，请锯出平整而水平的底座。

2　在圆木顶部下方 $2\sim2\frac{1}{2}$ 英寸做出标记，这将是盖子的高度。沿着标线干净利落地锯下盖子。

3　在圆木顶部中心做出标记。这将是你钻出的圆洞的中心。

4　为圆木底座包上一层毛巾以保护外层，然后把它夹到台钳上（你可能需要找一个很强壮的人帮忙）。

5　把镗孔钻头的尖头对准中心标记，开始钻孔。当圆洞里都是锯屑时，拿出钻头并清除锯屑，接着钻孔。这过程需要一些力量和耐心，因为你正在为一大块圆木钻孔。不断钻进、拿出钻头、清除锯屑，并且确认你正在垂直钻入，没有歪斜。为了借力可以站到椅子上。圆洞有 2 英寸深时就可以停下钻孔了。

6　用粗砂纸磨掉圆孔里的粗糙碎屑。感觉清除掉所有木屑以后，用细砂纸再次磨光。木盖和底座的顶部和底部也需要磨光。接着为所有表面擦去灰尘。用旧布在所有切割表面涂上薄薄一层密封涂料：底座的顶部和底部，木盖的顶部、底部和圆孔内部。接着让防水涂层风干。

7　测量圆孔的实际直径和深度。剪出一条相同深度的毛毡，长度需要能够围绕内部一周，还要能首尾相叠。再剪出一块垫在圆洞底部的圆形。

8　在圆洞底部粘上热熔胶，放入圆形毛毡，展平。然后在侧壁粘上热熔胶，倾斜圆木，以免胶水粘到底部的毛毡。再放入毛毡加衬，抹去褶皱凸起。剪去超出圆木顶层的毛毡。

W 简单的园艺容器实在太过普通，有时换一下地点或形式就能让人耳目一新。凯特决定为自己打造一个可以随便移动的花园，于是她从旧货商店找来一把椅子，改造成了一个古怪而独特的"花草椅"。受流行的花草墙和屋顶花园启发，凯特觉得这个项目也能算是这一潮流的小小实践。

设计者
凯特·普鲁伊特
(Kate Pruitt)

花费
25美元

时长
1天

难度
★★★★

~~~~~~~~~~~~~~~~~~~~~~~~~~~~~~~ 步骤 ~~~~~~~~~~~~~~~~~~~~~~~~~~~~~~~

1 寻找一把椅座下没有十字交叉或其他支撑的椅子，它只需要四只椅脚，椅面至少比花盆直径宽4英寸。椅面可以有椅垫，也可以是木质椅面。如果是有椅垫的，需要拆除坐垫——拆掉用来固定坐垫的四个螺丝钉。用钳子拆掉所有饰面上的射钉，接着拆掉所有布面和泡沫，露出坐垫的木板。将木板重新固定到椅子上。

2 在椅子表面刷上多层防风化密封涂料。如果你想重刷椅子，先涂上防风化涂层，再涂上几层防水保护层。让椅子完全风干。

3 把花盆倒扣到椅面上，用马克笔画出轮廓。接着以相同圆心画出直径小 1/4 英寸的第二个圆圈。

4 用 1/2 英寸的钻头在圆心钻一个洞，让线锯刀片可以穿过。戴上护目镜，用线锯在圆心锯出切口，慢慢锯出那个小 1/4 英寸的圆圈。锯好后，花盆应该正好卡进洞里，边缘可以与椅面平行。

5 如果没有排水小孔的话，在花盆底部钻出一个。然后把花盆放入椅面的圆洞里，让花盆与椅面贴合。为了固定，在花盆边缘等距钻入三个螺丝钉。

6 把椅子翻过来，在花盆底粘上相配的排水盘，将排水盘与椅子和花盆连成一体。胶水干燥后，把椅子翻过来。

7 戴上乳胶手套，在椅面和花盆边缘加上苔藓，用热熔胶把它固定到椅面、花盆边缘以及边缘内部 2 英寸处。用剪刀修剪苔藓的形状。

8 用铅笔在椅背上标记挂钩位置。你可以钻入螺丝钉，用来固定小挂钩，也可以钻出安装把手的小洞。

9 种上花草。把手套和剪刀等园艺工具挂在钩子上。这把椅子既可以放在室内，也可以放在室外。

材料

椅座下没有十字交叉
支撑的木椅

木材密封涂料

涂漆（可选）

漆刷

塑料花盆和相配的排水盘

永久性马克笔

带 1/2 英寸钻头的打孔机

护目镜

线锯

热胶枪和胶棒

三包装饰苔藓
（手工艺品店的花卉区域有售）

乳胶手套

剪刀

两个小挂钩或把手

植物

栽培土

Design * Sponge 编辑凯特·普鲁伊特有很多围巾和闲置的旧亚麻布。她决定把它们改造成美丽的椭圆旗帜，每逢特殊场合展示出来。她为朋友的乔迁制作了这个"一帆风顺"的横幅，不过一个简单的"生日快乐"或"节日快乐"更加实用。

设计者

凯特·普鲁伊特
(Kate Pruitt)

花费
30美元

时长
1天

难度
★★★★

制作围巾旗帜

1　把围巾和布面的褶皱烫平。

2　决定布面的形状。它们可以是细长三角形、椭圆形、圆形、长方形的旗帜，任你喜欢。每块尺寸大约4×6英寸或5×7英寸，更大的或全部拼写出来的都太占空间。在卡片或硬纸板上画出形状，制作模板。

3　把布面反着摊开，盖上棉布或帆布。最后，正面向上叠上围巾。用大头钉固定这三层布料。把模板放在每块围巾上，用铅笔描上形状。多放几次模板查看形状是否贴合。制作完整的字母表需要约60块旗帜，当然你也可以根据需要计算旗帜的数量，以后再慢慢添加。画好旗帜后，在每块三层布面的旗帜正中央钉上大头钉，仔细地剪下所有旗帜。

4　把缎带剪成120根，每根长10英寸，每块旗帜需要两根。把两根缎带对半折起，在旗帜的左上方和右上方各夹入第二层和第三层布面之间，它们应各夹入约1/2英寸，并且有一定间隔。这样可以保证当它们被挂到一根水平的绳子上时，旗帜可以垂直地挂起。接着以相同方式处理其他旗帜。

5　开始缝纫旗帜，沿着离边缘1/4英寸的位置缝制，确认将缎带缝入边缘。一边缝制一边拿掉大头钉。接着缝制其他旗帜。

附上字母

6　现在所有的旗帜都可以加上字母了。要制作通用字母表，我推荐每个辅音字母做两份，每个元音字母做三份，再加上辅音字母R、S、T。有很多方式可供自由组合：贴花毛毡、熨烫转印、刺绣字母、布绘字母，任你喜欢。

参照以下步骤：

贴花毛毡　打印出字母，从纸上裁下轮廓。把纸张反着描到毛毡上，接着裁出字母。用热熔胶或布用胶水粘贴到围巾旗帜上。

熨烫转印　按照熨烫转印字母的包装说明使用，注意在熨斗和旗帜之间放上一块布面，以免烫坏围巾。

刺绣字母　用铅笔轻轻地在旗帜上画出字母，从反面起针缝制字母。

布绘字母　用铅笔轻轻地在旗帜上画出字母，用小画笔蘸上布绘颜料慢慢描绘。

7　把旗帜按顺序系到细绳或麻绳上，然后挂起。

材料

旧围巾、手帕、茶巾、
布料等
（大约15块围巾的码数）

熨斗

一张卡纸或硬纸板

铅笔

2码作为衬底的花纹布料

2码中等重量的白棉布、
帆布或被单布料

大头钉

剪刀

34码薄棉缎带或丝带
（1/8~1/4英寸宽）

缝纫机

电脑和打印机
（制作字母模板）

十块手工艺毛毡（或1码）

热胶枪和胶棒

熨烫转印字母（可选）

刺绣针线

布用颜料和小画笔（可选）

合适长度的细绳或麻绳

D德瑞克·法格斯特朗和劳伦·斯密斯在颜色不同的毛毡印上他们最爱的字体，制作了独一无二的贴花靠垫。"我们喜欢各种字体独有的个性，因此我们在靠垫上使用了自己最爱的字体，希望能借此展现我们的个人风格和对印刷字体的钟爱。"

设计者
**德瑞克·法格斯特朗和
劳伦·斯密斯**
(Derek Fagerstrom and
Lauren Smith)

花费
20美元

时长
2小时

难度
★★★★

材料

1¹/₂码亚麻布

电脑和打印纸

剪刀

8×10 英寸的颜色
不同的羊毛毡
（合成山羊皮或维纶也
可以，只要在裁剪时
不会磨损就行）

大头钉

缝纫机

线

熨斗

两块边长 18 英寸的
正方形靠垫内芯

步骤

1　裁剪亚麻布，每个靠垫需要一块边长 19 英寸的正方形和两块 19×15 英寸的布料。

2　找到喜欢的字体，用设计软件或文字处理软件打印出模板。每个字母需要两个模板，其中一个比另一个稍大。然后裁剪模板。

3　把字母用大头钉固定到毛毡上，仔细地剪下形状。

4　在边长 19 英寸的正方形亚麻布中央用大头钉固定较大的毛毡字母。手缝或用缝纫机缝上字母。

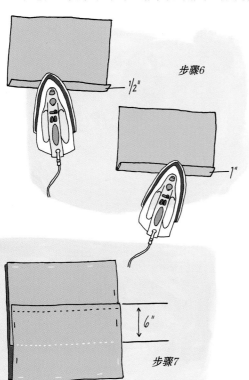

步骤6

步骤7

5　叠上较小的毛毡字母，把它缝到较大的字母上。

6　制作靠垫反面时，把每块 19×15 英寸的亚麻布的一个长边（即 19 英寸的边）折入 1/2 英寸，然后烫平。再折入 1 英寸，接着烫平。然后用缝纫机缝上这一边。

7　把靠垫背面的两块长方形的亚麻布放到正方形布面上，让它们正面相对。让没有缝制的长边与正方形亚麻布的边缘对齐，让缝过的长边在中间重叠 6 英寸。用大头钉固定，做出塞入靠垫的信封式开口。

8　缝上四边，剪去角落多余的布料，然后翻出正面。最后插入靠垫。

E 来自 Gerardot & Co., 品牌设计公司的设计师埃里克·安德森一直想在前廊装上几支火把以驱逐蚊虫，还想将自己的现代风格融入其中。没有在网站和商店找到中意的，因此他决定亲自动手，用旧酒瓶和实惠的五金装置打造自己的版本。

设计者

埃里克·安德森

（Erik Anderson）

花费
15美元

时长
少于1小时

难度
★★★★

步骤

组装吊架

1　决定在哪里安装火把。把顶部连接片放到预想的位置，标记钻孔位置。钻孔后，用螺丝钉固定顶部连接片。

2　为了将规格为 3/8 英寸 –16 的螺纹杆钻到底，可以使用钳子。接着将两个六角螺母悬到螺纹杆上，一个旋到螺纹杆与顶部连接片的连接处，另一个留在悬空的一端，用来固定拼环式管吊。

3　旋上拼环式管吊，让它与螺纹杆保持在同一水平面上。为了固定拼环式管吊，旋紧那个悬空的六角螺母。

组装酒瓶

4　将铜耦合 1/2 英寸的一端紧紧绕上铁氟龙胶带。注意每层都要包得仔细小心，以获得平滑的表面。不断缠绕胶带，直到铜耦合可以紧紧塞入瓶口。接着把灯芯穿入铜耦合，露出 1/4 英寸（灯芯直径约 3/8 英寸，因此可以很好地贴合。吸收燃烧油后，它们会贴合得更加紧密）。

5　松开拼环式管吊的一端，放入瓶颈。旋紧松开的一侧和靠墙一侧的螺母，均匀拧紧两侧。你可能需要松开一边，以保证两边对称。不要过于用力以免弄碎瓶子。

6　用漏斗将燃烧油倒入瓶子（埃里克用的是 Tiki 公司的 BiteFighter 燃烧油，因为它是透明的，驱赶蚊虫也很有效）。把穿着灯芯的铜耦合紧紧塞入瓶口。让灯芯浸润几分钟，充分吸收燃烧油后再点燃。不使用时，为保持灯芯干燥，盖上铜帽。

安全小贴士：这个项目只适合室外。为了安全起见，请只使用户外火炬用油。Tiki 公司建议露出的灯芯不要超过 1 英寸。对待明火的注意事项同样适用于火炬瓶。

小贴士：如果你不希望火炬瓶磨损、风化，你可以刷上几层聚氨酯清漆再组装。不过我个人觉得风化的痕迹能带来一抹特色。

材料

铜质顶部连接片
（可以装上规格为 3/8 英寸 –16 的螺纹杆）

打孔机或动力钻

两个 10×1 英寸的镀锌木螺钉
（如果要挂在木板上的话）

规格为 3/8 英寸 –16 的镀锌螺纹杆（埃里克买了一根 3 英尺长的螺纹杆，用钢锯锯成八段 4$^1/_2$ 英寸的螺纹杆）

两个六角螺母
（用来套上 3/8 英寸 –16 的螺纹杆）

1 英寸拼环式管吊
（用来装上 3/8 英寸 –16 的螺纹杆）

1/2 × 3/8 英寸的铜耦合

1/2 英寸宽的铁氟龙胶带

空酒瓶
（瓶颈直径 1 英寸的玻璃瓶）

Tiki 品牌的灯芯

漏斗

Tiki 品牌的燃烧油

1/2 英寸的铜帽

项目

**自制奥托米
床头板**

翻到第22页看看
格蕾斯家中的床头板。

如果说在室内设计中有一项让我格外偏爱，那一定是家具饰面。如果我的预算足够，我一定会为所有的沙发、椅子、长凳定期更换钟爱的布面。我的最爱之一是奥托米，它是一种手工缝制的饰有动物图案的布料，由生活在墨西哥中西部的奥托米民族创造。这些充满生机的布料有多种颜色选择，但是我更倾心于这块来自Jacaranda Home（美国手工艺家居公司）的鲜红色奥托米。于是我决定把它装饰到本地木匠制作的床头板上。使用重型手动钉枪、一些泡沫和被用棉絮，我花了一个下午完成了所有工作。

设计者

格蕾斯·邦妮
（Grace Bonney）

花费
200~400美元

时长
4小时

难度
★★★★

步骤

1 熨烫布料，然后搁置在一边。

2 把泡沫放到地板上，叠上床头板。用马克笔把床头板的轮廓描到泡沫上，然后用美工刀或电工刀沿轮廓切下。以同样方式切割棉絮，边缘需要比床头板宽4~5英寸。接着正面朝上展开布料，叠上床头板。调整床头板的位置，确认使用哪部分的图案，接着裁下布料，留出比床头板宽4~5英寸的边缘。

3 戴上防尘面具或口罩，在泡沫上喷上喷胶，粘到床头板正面，然后风干。接着把棉絮放到地板上，翻转床头板，让粘有泡沫的一面向下，然后把它叠到棉絮上。把棉絮拉到床头板背面，用钉枪严实地钉好，保证间距紧密且均匀。拉扯布面时务必均匀用力。完成后，翻到正面查看效果。如有需要，重新用钉枪固定不平整的地方。

4 固定好棉絮后，盖上布料，调整图案位置（我用的是塑料弹簧夹）。然后把床头板翻过来，让布料正面朝下，接着用手动钉枪固定，拉紧布料以获得平滑的表面。检查布料正面，如有不平整的地方，重新用订书钉固定。最后修剪背面的边缘，剪掉多余的布料。

5 把床头板装到床上或墙上的方法很多，我偏爱埋入式装置（你可以询问当地五金店，并确认它们是否可以承受床头板的重量）。你可以轻易地把它们钉入床头板背面和墙面，在当中插入床头板。

安全小贴士：喷胶有毒性，在使用时请戴上面罩、打开窗户。在使用前保证房间充分通风，每次少量喷涂。

材料

熨斗

布料

2英寸厚的泡沫
（大小根据床头板不同）

床头板
（我的是请本地木匠制作的，当然你也可以在家得宝连锁店购买一块长方形夹板，自行设计形状并切割）

马克笔

美工刀或电工刀

棉絮
（标准的被用棉絮很不错，大小根据床头板不同而调整）

剪刀

防尘口罩

喷胶

手动钉枪和订书钉

埋入式装置

E 我们每天早上都需要醒来，于是电子闹钟成为了我们生活中不可或缺的一部分。可是它们通常都不是床边最漂亮的摆设。Design * Sponge 的编辑凯特·普鲁伊特十分喜欢她的闹钟的音效，但是不喜欢它的外观，于是她决定用薄木片打造一个多切面木制外壳，用来套在闹钟外面。只需打印凯特设计的模板（*www.designsponge.com/templates*），在木片上切下形状，稍加折叠组合就可以为你平凡的闹钟罩上一个时尚外壳。

设计者
凯特·普鲁伊特
(Kate Pruitt)

花费
10美元

时长
1~2小时

难度
★★★★

---------------------- 步骤 ----------------------

1 测量闹钟尺寸，根据需要修改模板的尺寸。打出两份模板，其中一份可以作为参照。剪下一份模板，用喷胶粘到薄木片上。

2 切下木片。在组装之前，在较大的木片上切出闹钟按钮、闹钟表面、插座的形状。裁切模板时需要十分精确，否则木片之间就不能正好相接。

3 裁切好木片后，用低温热胶枪粘起木片。每粘一片固定 5~10 秒，让胶水完全干透。

4 组装好后，把外壳罩上闹钟看看是否合适。你还可以为它涂上涂料，加上装饰。最后在正面和背面粘上胶带或胶水，固定到闹钟上。

5 插上电源，设置时间。木片很有弹性，因此你可以按到所有按键，当然也包括至关重要的贪睡按钮。

安全小贴士：喷胶有毒性，在使用时请戴上面罩、打开窗户。在使用前保证房间充分通风，每次少量喷涂。

材料

闹钟
（约 3×4×2 英寸的闹钟
适合这个模板）

标尺

闹钟模板

剪刀

薄木片
（手工艺品店有售，凯特
用了两块 5×10 英寸
的木片，还有剩余）

喷胶

X-Acto 牌笔刀和切割垫

低温热胶枪和胶棒

W Design * Sponge 的编辑德瑞克和劳伦清理出了一柜子的旧衣物，于是他们决定用它们制作一件被套。制作这件独一无二的被套的费用仅仅是商店成品价格的零头，还能解放珍贵的衣橱空间。

设计者
德瑞克·法格斯特朗和劳伦·斯密斯
(Derek Fagerstrom and Lauren Smith)

花费
20美元

时长
3小时

难度
★★★★

~~~~~~~~~~~~~~~~~~~~~~~~~~~~~~~~~~ 步骤 ~~~~~~~~~~~~~~~~~~~~~~~~~~~~~~~~~~

1　将从衬衫上剪下的正方形布料放到地板上，以 8×8 的形式组合排列成你喜欢的样子。为每列的第一块依次钉上标有数字的纸片（1~8），过会儿把它们叠起来拿去缝纫的时候你就能知道顺序了。

2　把布片正面相接，以 1/2 英寸的缝份把每列布片缝制成布条 1~8。敞开缝边，用熨斗压平。

3　缝制好八条布片后，以 1/2 英寸的缝份把布条 1 和布条 2 缝合起来。敞开缝边，用熨斗压平。缝合布条 3 和布条 4，压平缝边。接着缝合布条 1、2 和布条 3、4。以同样方式缝制其他的布条。

4　把拼布被套的表面拼接到旧被套背面，让它们正面相对并缝合，在底部留出 3 英尺的开口。

5　翻出被套正面，折起开口处的毛边并缝好。在底部装上三四个纽扣（来自一件衬衫！）。用缝纫机的扣眼功能在另一边缝出扣眼。

6　塞入被子，扣上纽扣，享受惬意的午睡时间吧！

小贴士：德瑞克和劳伦的被套是 80×80 英寸的，因此他们剪了 64 块 11×11 英寸的布片（32 块来自德瑞克的衬衫，32 块来自旧被套的正面，他们是沿着被套缝边裁剪的）。每件衬衫能剪下两三块布片。

材料
―――――――――

15 件男式衬衫

单色被套

标尺

圆盘剪

切割垫

大头钉

标有 1~8 序号的纸片

缝纫机

熨斗

三四个纽扣

项目

蝴蝶钟罩

翻到第47页看看艾米位于
布鲁克林的家中的完成品。

受中古法国蝴蝶藏品展启发，Design * Sponge 的编辑艾米·阿扎里多和她的朋友——Myriapod Productions 电影公司的自然纪录片制作人杰西卡·欧雷克一起打造了这个无与伦比的玻璃蝴蝶钟罩。蝶翼的色彩和纹理能为任何房间带来美丽的点缀，还能量身定做以便融入房间的任何色调。如果预算不足以使用真的蝴蝶，你可以选择经济实惠的仿真蝴蝶。

设计者

杰西卡·欧雷克
(Jessica Oreck)

花费
200美元

时长
2天

难度
★★★★

材料

至少 1 英寸厚的泡沫聚
苯乙烯或其他可切的
硬质泡沫

黑色针织布或丝绒布

喷胶

手动钉枪（可选）

热胶枪和胶棒

玻璃钟罩

12 个中号和大号蝴蝶
（*www.butterflyutopia.
com/unique_items.html*）
（见小贴士）

碳素钢丝
（长 12 英寸，直径 1/16 英寸）
（*www.mcmaster.com*,
no.8907k64 产品）

钢丝钳

强力胶

步骤2

步骤

制作底座

1　剪出一块圆形的泡沫聚苯乙烯，必须贴合圆罩玻璃壁底部的内侧（玻璃钟罩包装可能恰好装着尺寸合适的泡沫聚苯乙烯）。

2　把泡沫放在黑色布料上，沿着泡沫边缘外 1$\frac{1}{2}$ 英寸处裁下布料。用喷胶把布面粘到泡沫上，把多余的布料翻到背面边缘。如果布料不适合喷胶，可以用手动钉枪把布料固定到泡沫背面。

步骤4

3　用热胶枪把包裹好布面的泡沫聚苯乙烯固定到底座上。

摆放蝴蝶

4　先处理较大的蝴蝶，决定方向和摆放位置。接着以那个角度插入钢丝（如有需要，用钢丝钳剪短钢丝）。为了加固，在蝴蝶和钢丝的连接处滴上一滴强力胶。处理蝴蝶时要十分小心，它们十分娇贵，仅仅是轻刷蝶翼就会刷掉鳞片，导致颜色不匀称。接着将其他蝴蝶同样穿上钢丝。

5　找到理想的位置后，把钢丝插入泡沫底座。如果可以的话，在底座连接处滴上强力胶，以便加固连接。

步骤5

6　小心地罩上玻璃钟罩。

安全小贴士：喷胶有毒性，在使用时请戴上面罩、打开窗户。在使用前保证房间充分通风，每次少量喷涂。

小贴士

在网上订购昆虫可以让你省下一大笔费用，当然你需要在网上多多比较，比如这个网站：*www.
thornesinsects.com*。

DIY基础

无论你是颇有经验的手工艺者还是刚接触DIY的新手，重温基础总是有益的。熟练使用工具并了解一些简单的DIY基础技巧能让你在亲手翻新屋子和家具时充满信心。

在书中的这一章，我会分享一些基本的技巧、秘诀和技术，日后整修家具和屋子时你都能用得到。无论你是在翻新跳骚市场找到的书桌，还是第一次缝制枕头，这部分都会向你一一展示步骤，引导你走上成为家中DIY高手的进阶之路。

除了我分享的基础技巧，我还邀请了几位我最欣赏的饰面专家共同参与一个特别专栏，教你如何制作自己的沙发套和靠垫罩。若是没有经验，初次缝纫可能会让你难以下手，不过我还是希望你能享受这一过程，制作出独属于你的饰面。这是改变屋子外观和基调的最简单的方法之一，还无需过多花费。一旦你掌握了这些技巧，你将会以看到钻石原石时的心情看待陈旧的沙发和椅子上磨损的坐垫，它们只需用一点DIY的热情打磨修饰就能变得优雅迷人。

1 锤子
2 标准螺丝刀
3 十字槽螺丝刀
4 正反转电钻
5 活动扳手
6 水平仪
7 美工刀
8 卷尺
9 钳子
10 手锯
11 钢丝钳
12 剥线钳
13 热胶枪和胶棒
14 尖嘴钳
15 手动钉枪和订书钉
16 金属油漆刮刀
17 漆刷

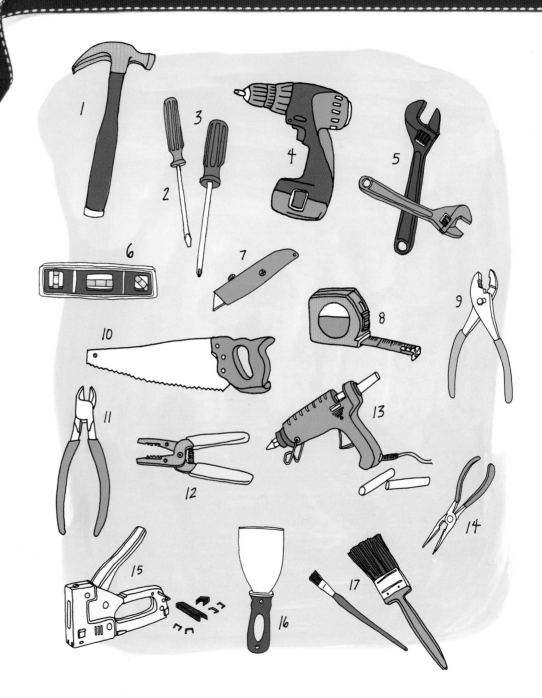

1 工具箱
2 强力胶带
3 绝缘胶带
4 喷胶
5 永久性马克笔
6 剪刀
7 工作手套
8 磨砂纸
9 护目镜
10 防尘口罩
11 罩单
12 大力钳
13 缝纫机
14 木胶
15 各式钉子和螺丝钉
16 强力胶
17 熨斗

步骤3

步骤4

材料

塑料防水布

手套/护目镜/涂漆口罩（处理化学制品时需要始终戴着）

漆刷

除漆剂
（大多数五金店和所有家居装修中心都出售罐装化学除漆剂）

金属油漆刮刀

步骤

1 在户外或是在通风的开放式小空间进行除漆。在工作台上铺上一块加厚塑料防水布。

2 移去所有五金配件或其他有用的装饰，比如玻璃把手，然后把家具放到防水布上。

3 开始除漆前先穿上防护服，戴上护目镜。选用适合家具大小的漆刷，在家具表面刷上厚厚一层除漆剂。遵照除漆剂包装上的说明，等待它作用生效。这可能需要 30~45 分钟。

4 涂料变软后，在油漆刮刀上均匀施力，倒着刮去表层涂料。老旧的木头很容易被刮伤，当心不要让刮刀划伤、戳伤木板。你可能需要重复步骤 3 和 4，特别是在碰到多层涂漆和顽固的涂漆时。

5 除漆结束后，记得再涂上一层木蜡或密封涂层，以保护全新的家具表层。

为金属家具除漆

1 按照上述步骤 1~4 处理。

2 用钢丝球去除锈迹，轻轻磨去刮痕。接着抹上金属擦光剂或防锈密封剂，保护崭新的金属表面。

如何油漆家具

步骤2

步骤1

步骤3

材料

磨砂纸
（中等颗粒或细颗粒）

湿布

底漆

漆刷

涂漆

聚氨酯涂料
（可选）

~~~~~~~~~~~~~~~~~~~~~~~~~~~~~~~~ 步骤 ~~~~~~~~~~~~~~~~~~~~~~~~~~~~~~~~

1 如果你的家具上过漆，或是拥有光滑的表面涂层，用砂纸打磨所有表面，以便附上涂漆。结束后，用湿布擦掉尘土。

2 上底漆是保证家具表面平滑的关键。先刷上薄薄一层室内底漆。两层均匀的薄层总是比一层厚涂漆更好，因为后者干燥后容易变得不均匀。风干底漆。

3 在家具表面再涂上薄薄一层涂料。就像底漆一样，过薄的涂层永远比过厚的涂层好。厚涂漆干燥后会让表面变得很粘手，而且凹凸不平。如果你需要刷上两三层薄涂漆，这些工作是值得的。

4 涂漆干燥后，你可以就这样使用，也可以再涂上一层聚氨酯涂料或其他密封涂料来保护涂漆。这一步并不是必须的，但是可以让家具始终崭新如初。

贴壁纸

材料

铅垂线

标尺

壁纸

切割垫

圆盘剪

壁纸用胶水

漆刷

橡胶刮刀
（用来清洁窗户的刮刀就可以）

X-Acto 牌笔刀

湿布

步骤

1. 用一根铅垂线，在墙面中央用铅笔画出一条垂直线，作为贴第一张壁纸的参照。

2. 裁切壁纸。测量墙壁的高度后，加上4英寸。把壁纸卷平铺到平面上（比如切割垫），花纹面向下。量好尺寸，用圆盘剪裁切（X-Acto 牌笔刀或剪刀也都可以）。

3. 根据厂家的说明准备胶水。特别注意关于用水稀释胶水的指示。

4. 在工作台上展平壁纸，用漆刷在背面薄薄地刷上一层壁纸用胶水，当心不要粘到花纹面。

5. 至少等待5分钟，让胶水变得黏稠。这是人们经常犯的错误——如果你直接把壁纸贴到墙上，壁纸会滑下来，因为胶水不能立刻粘住。

6. 胶水变稠后，紧贴着参照线粘贴第一张壁纸。壁纸顶端和底端应该各超出墙面2英寸。退后一步确认摆正了墙纸，然后用橡胶刮刀从中间向周围弄平壁纸，小心地去除气泡。注意不要太用力，以免撕坏壁纸。

7. 在接着粘贴第二张、第三张壁纸时，保证壁纸之间轻轻接触但不重叠，因为干燥后重叠部分会变得更加明显。

8. 贴壁纸时，用湿布擦除多余的胶水，因为干燥后的胶水会在壁纸上留下痕迹。

9. 贴好壁纸后，充分风干后再用 X-Acto 牌笔刀修剪顶部和底部多出的边缘。没有干透的壁纸很容易撕坏、隆起。给自己倒一杯茶吧，请耐心地等待壁纸完全干透。

小贴士：如果你没有事先充分准备，壁纸可能会非常难处理。开始之前，先清理房间，拿走任何可能妨碍工作的东西，以免溅到、沾污、撕坏壁纸。湿的壁纸可能会很易碎，小心不要碰到架子或尖角。在通风的地方划出一块工作室，摆放所有工具、粘贴壁纸、等待风干。这样能使工作整洁有序，避免撕裂墙纸或是留下胶水痕迹。

为台灯重新布线

1 拔去插头，移去灯泡、支架和灯罩。抬起台灯，拿掉覆盖底座的毛毡、金属、硬纸板，露出底座上穿出旧电线的小口。

2 松开灯座。如果不能顺利松开，你需要移去灯座的开关。

3 从台灯底座拔出旧电灯线，换上新电线。如果新电线很难穿过底座灯座，你可以把新电线接在旧电线上再拉出。只需从新电线的顶端和旧电线的末端剥出 1 英寸的铁丝，并扭紧，用绝缘胶带固定接合处。从底座上面拉出旧电线，直到至少穿出 6 英寸新电线。移去绝缘胶带，拿掉旧电线。

材料

台灯
螺丝刀
剥线钳
绝缘胶带
电源线
带开关的灯座

保险结

a   b
c   d

4 使用新的灯座，将新电线（先穿露出铁丝的一端）穿过灯座基座（拧开灯座基座可能会让这一步容易一些）。分开两根电线，打一个保险结（见插图）以便固定。

5 电线里只有一根是带电的火线，你需要把这根电线接到灯座上。要知道哪根带电，只需看电线的质地，一侧有棱纹的就是了。

6 拧开灯座侧边的螺丝，绕上火线露出的铁丝。用螺丝刀拧紧螺丝，固定铁丝。保证铁丝没有露出螺丝外，否则你需要松开螺丝，再次缠紧电线并旋紧。

7 缠好火线后，重复步骤 6，将另一根零线缠在另一个螺丝上。

8 两根电线都接好后，把灯座基座拧回灯座（如果在步骤四拧开了的话），从台灯底座处拉紧电线，重新将灯座固定到底座上。

9 用螺丝刀把灯座拧回底座。

10 如果你拿掉了底座的毛毡、金属或硬纸板衬底，重新把它贴上，当然也可以再裁剪一份新的衬底，用胶水固定。

11 重新组装灯泡、支架和灯罩，插上电源。

材料

布料

相配的线

缝纫剪刀

卷尺

大头钉

缝纫机或缝针

熨斗和熨衣板

步骤

1. 决定窗帘的长度。先决定你希望窗帘垂到哪里，测量窗帘杆到那个位置的距离，再加上 8 英寸，这是为了预留足够的褶边，并留出预洗时缩水的布料。

2. 决定窗帘布的宽度。大多数出售的窗帘为 45 英寸或 60 英寸。如果你不希望窗帘缩褶得很厉害，那么一块窗帘的宽度就足够了。如果想要获得褶皱特别多的外观，你需要实际宽度为窗户宽度两到三倍的窗帘布。

3. 如果窗帘布可机洗，裁剪缝制之前，先洗净晾干，让它预先缩水。这一步非常重要，如果缝纫之前没有预先缩水，缝纫好第一次下水后缝边就会起褶皱。最后，在裁剪缝纫之前，你还需要彻底熨烫布料，烫平所有褶皱、折痕以便准确测量并缝纫。

4. 量好尺寸，清洗熨烫好之后，用缝纫剪刀裁出所需大小的布料。

5. 缝制四边。把一个边缘翻折 1 英寸到背面，一边翻折一边压好褶边。接着再次翻折 1 英寸，再次压好。

6. 在翻折过两次的褶边上每隔 4~6 英寸钉上一个大头钉。务必把大头钉垂直着钉入布面，并且钉在缝边的右边，以便缝边的时候用右手拿掉大头钉。

7. 沿着褶边内侧 1/8 英寸处缝边。

8. 对其他边缘重复步骤 5~7。

9. 缝制底边时，先翻折 1/2 英寸到背面，用熨斗压好。再折入 5 英寸，压平，照着步骤 6 用大头钉固定好。

10. 在褶边内侧 1/8 英寸处开始缝边。在缝边两端回针缝制：在开始处先缝两三针，停下缝纫机，按下回针缝纫按钮，倒回来缝两三针，接着缝制下面的缝边，在缝边末端重复这一步，加固缝边，防止松开。

11. 缝制挂窗帘杆的开口。将窗帘顶边折入 1/2 英寸，熨平。再折入 2 英寸并熨平，像步骤 6 一样用大头钉固定。沿着褶边内侧 1/8 英寸处缝边，照着步骤 10 在缝边两端回针缝制加固。穿入窗帘杆并挂起即可。

小贴士：如果你是缝纫新手，中等重量的基本布料，比如棉布和棉麻布是个很好的开始。简单的纹理让它们很容易处理。记得考虑窗帘的用途：你是想要保证隐私，还是遮挡阳光？它们需要适合用于洗衣机吗（这类非常适合用于厨房和其他经常打开窗户的房间，特别是在尘土飞扬的大城市）？你想要遮挡寒流，还是只需薄纱帘？你所要做的就是选对布料。

用射钉枪装饰面

钉枪让重装椅面的工作变得轻而易举。如果你有一个可以更换椅面的小凳子、搁脚凳或是长凳，无需装软垫的专业人士，你自己就可以轻松地换掉饰面。

~~~~~~~~~~~~~~~~~~~~~~~~~~~~ 步骤 ~~~~~~~~~~~~~~~~~~~~~~~~~~~~

1　用螺丝刀移去坐垫或其他想要更换的部分。小心地放好螺丝钉，以便过后重装。

2　用尖嘴钳移去所有用来固定布料的订书钉。当心不要损坏布料下面的泡沫。如果布料下面有棉絮，一起拿掉。

3　拿掉原来的布面后，检查泡沫的状况。若是状况良好，继续下一步。如果需要更换泡沫，在饰面用品网站上订购替代的泡沫。如果你要坐在上面，至少选择中等质量和密度的泡沫，保证坐着时泡沫不会下陷过多（我通常为小椅面挑选 3~4 英寸的泡沫）。用切割垫和电工刀把泡沫切到适宜大小，尽量确保边缘干净利落。

4　裁切一块四边比泡沫大 4 英寸的棉絮（被用棉絮很适合这类普通的项目，不过如果你有预算的话，网上的家具棉絮更好）。

5　把新棉絮放到泡沫上，紧紧地拉到椅面背部，保证表面平滑，用钉枪固定背部边缘。

6　裁出四周比泡沫宽 4~5 英寸的布面。把布面放到棉絮上，拉紧并用订书钉固定。记住椅面上螺丝孔的位置。一旦盖上了布料，就很难找到它们的位置了。我经常剪下咖啡的搅拌棒，插在螺丝孔上以标记位置，听上去可能有些傻，但是十分有效，可以让我在射钉时知道在哪里停下。

7　钉好布面后，剪去多余的布料，把椅子翻转过来，用原来的螺丝钉固定。

材料

螺丝刀

尖嘴钳

泡沫
（如果需要更换椅面泡沫）

棉絮

剪刀

手动钉枪和订书钉
（电动钉枪很不错，不过五金店的基本钉枪也可以）

布料

I 如果你一直很想 DIY 沙发罩面，喜欢做针线活，又希望成为心灵手巧的实干家的话，你一定会喜欢这个教你如何为椅子、双人座椅、沙发打造罩面的简易教程。来自 Flipt 工作室（*www.fliptstudio.com*）的作家、设计师、家具装饰师雪莉·米勒·勒尔(Shelly Miller Leer)拥有超过 15 年的整修家具、翻新饰面的经验，她将向我们展示裁剪、使用大头针、制作家具罩面的原则。正如大多数的 DIY 项目，制作罩面也没有唯一的标准步骤，你完全可以根据自己的喜好作出一些更改。

开始之前我们需要了解一些基础知识。

贴合家具的罩面是由数块布面拼接而成的。家具有各种垂直面、水平面、倾斜面，还可能有弧形边缘，这些都需要装上饰面，因此有时我们需要在布料做出碎褶、齐褶、暗褶和容位，以便贴合这些部分。做容位即在保持表面不起褶皱的同时收紧布料。用缝纫机缝出三排针脚，拉紧线头松开的一端，直到布料收紧成一小块。我们的目的是尽量不产生褶皱的收缩布料，因此收紧时不要太用力，以免布料表面起褶皱。

这个项目需要以下基础缝纫技巧：

- 测量布料尺寸
- 沿纵向布纹裁剪布料
- 缝纫布料
- 做出暗褶、碎褶、齐褶
- 做出容位
- 安装拉链（可选）
- 制作包布滚边（可选）

材料

卷尺或标尺

粉笔

布料

剪刀

缝纫机

线

大头钉

拆线刀

Heat'n Bond 牌可熔边带

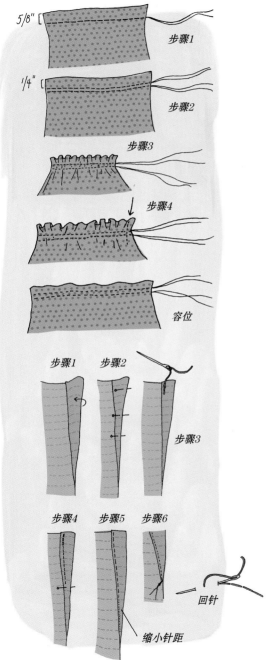

5/8"

步骤1

1/4"

步骤2

步骤3

步骤4

容位

步骤1 步骤2

步骤3

步骤4 步骤5 步骤6

回针

缩小针距

缝制碎褶

1　在离布料边缘 5/8 英寸处以宽针脚缝出一排线迹。在一开始的第 2、3 个针脚处回针缝制，在最后的针脚处留下 3 英寸的线，不需回针。

2　在第一排针脚上方，离布料缝边 1/4 英寸处缝出第二排线迹。像步骤 1 一样回针，在结束处留出 3 英寸的线。

3　压住布料，同时拉紧 3 英寸的线头，形成碎褶。

4　均匀修整碎褶，接着在离布料边缘 5/8 英寸处缝制第 3 条线迹，固定碎褶。

小贴士：做容位时，重复缝制碎褶的步骤 1 和 2。在步骤 3 时，只需轻轻地拉紧线头，稍稍收紧布料。接着继续按着剩下的步骤做。

缝制暗褶

1　折起暗褶。

2　用大头钉固定。

3　先回针缝制两三次。

4　开始缝制暗褶，边缝边移去大头针。

5　接近结束时，渐渐缩小针距。

6　在结束处打结。

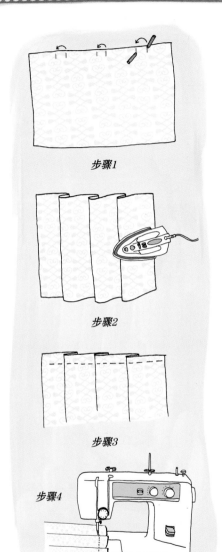

步骤1

步骤2

步骤3

步骤4

缝制齐褶

1 用裁缝划粉或铅笔在布料上均匀划出齐褶的标记。

2 折起布料，让划痕 2 盖过划痕 1，形成齐褶，用熨斗轻轻压平，将大头钉别在布料顶部。

3 在缝纫机上设置最宽的针距，缝出一排疏松线迹，固定齐褶。边缝边移去大头钉。

4 再次熨平，在布料顶边的缝边下方再缝制一排线迹，加固齐褶。

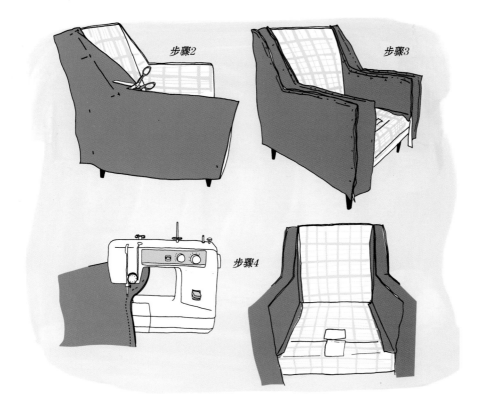

步骤2

步骤3

步骤4

小贴士

使用宽度为 54 英寸、中等重量的棉布、亚麻布或斜纹布料。

在裁剪前清洗或干洗所有布料。

测量并标出椅子正面和背面的中心点，罩面的正面和背面也一样。中心点在整个制作过程中将会很有帮助。

三条缝边的接合处很难处理。你需要决定先缝制哪一边。修剪缝份，以便压平布料。缝完后用熨斗熨平缝边。

将旧坐垫套面当作新套面样式参考。在坐垫套的背面装上一条尼龙搭扣或一根拉链，以便关起。

如果你在做双人座椅或沙发的罩面，你将会面对一条位于中央的缝边，因为布料的宽度不够。确认将靠背的前面后面、椅座和底座前面的缝线对齐。有时布料的花纹可以沿着沙发横向平铺，而非纵向平铺，那么你就可以省下缝边的工夫了。

步骤

1 测量家具尺寸，画出略图。考虑相邻的两部分能否裁剪成一块布料，这样能省下一些工夫。

2 将略图当作模板，每块面料都需裁得比相应的测量尺寸大 2~4 英寸。如果你的椅子附带坐垫或靠垫，多加 2 英寸缝边，以便塞入椅背和椅面两侧（如果坐垫或靠垫是可拆卸式的，见小贴士）。

3 将三块扶手处的布面（扶手正面、扶手内外两块）背面朝上放在椅子上，用少许大头钉固定。接着用大头钉将布料边缘拼接在一起，间距不用太紧密，与裁边平行着别上大头钉，作为缝边的参照。

4 拿下拼接好的布面，开始缝制。注意在大头钉移到缝针下之前拿掉它们。翻到正面，检查是否贴合。如果贴合，把缝边外的缝份修剪成 1/2 英寸。如果不贴合，你需要用拆线刀拆掉不服帖的地方，重新别好并缝制。

步骤5

步骤8

5 开始制作主体部分(从椅背顶边沿着靠背内侧延伸到椅座、底座和底部褶边),调整大小、别好并缝制。缝好后,将它拼接到扶手部分。然后将这两部分翻到正面,放到椅子上检查是否贴合。如果需要调整,拿下套面,拆掉有问题的针脚,重新放到椅子上,重新调整轮廓,钉好。重复这一步骤,直到完全贴合。将缝边外的缝份修剪成 1/2 英寸。再次把罩面翻到反面,套到椅子上。

6 开始缝制椅背背面,对准中心点,用大头钉固定顶边,拼接到之前缝制的套面,缝好。注意:如果你要在背面装拉链,将缝边粗粗缝上。如果你想要装尼龙搭扣或系上带子,你需要调整缝份。如果套面很宽松,那就不需要制作开口了。

7 翻出罩面的正面。如果很适合,把剩下的缝份修剪成 1/2 英寸。

8 准备制作底部褶边。测量尺寸,沿底边 1 英寸处画一条褶边标线。

9 用曲折线迹缝好罩面的底边。接着,把底边折起 1 英寸并压平,用 Heat'n Bond 牌可熔边带制作褶边,或者在离曲折线迹 1/4 英寸处缝制。最后拿下罩面并熨平。

不久以前环保布料还意味着淡棕色的麻布，而现在你不需过得像山区人民一样才能实现环保。嬉皮士时代的环保概念现在已经变成了时尚元素，这些漂亮奢华的织物像任何传统材料一样完美迷人，给了我们多样选择，而且在使用和制作过程中还不会损害地球和你的健康。来自 Mod Green Pod 品牌（www.modgreenpod.com）的南希·米姆斯（Nancy Mims）与我们分享这些小贴士：

环保织物有两种类型——再利用织物和智能化培育织物。"再利用"即再使用现成材料。你可以用旧衬衫打造寝具（翻到第 269 页试试！），也可以把祖母的旧裙子改成一件迷人的围裙。简而言之，就是赋予旧物件以新生命，而不是直接丢弃。

现在公司也开始再利用各种材料。回收的 PET 塑料（比如塑料饮料瓶）就被织成柔软坚固的布料，应用于经久耐用的家具。

另一种环保织物由"智能化培育"的自然纤维织成，比如棉花和大麻，是有机培育而成的，没有受到过杀虫剂和除草剂污染。如果它们是有机加工的，就可以跳过传统布料经历的令人不快的化学浴。处理非有机的传统棉布时，在编织、染色、印花、涂饰的整个过程中都会添加有毒物质，之后它们会在我们的家里和办公室中挥发有害浮悬微粒（也称为废气）。真正的有机处理的自然纤维可以避免所有毒素，为你提供完全干净的产品，让你免于废气之苦。

在购买环保布料时你需要注意以下几点：

环保自然纤维（确保除了材质之外，布料生产时也经过无毒素，环保的墨水、染料、涂饰剂处理）

- 有机棉花
- 大麻
- 有机羊毛
- 有机亚麻
- 环保丝绸
- 荨麻
- 海草

再利用 / 降级利用的纤维

- 再利用的 PET 塑料瓶（消费后）
- 再利用的棉花（加工后）
- 再利用的聚酯纤维（加工后）

这些公司提供现代环保饰面布料：

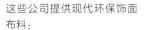

Mod Green Pod
www.modgreenpod.com

Q Collection
www.qcollection.com

Lulan Artisans
www.lulan.com

Oliveria
www.oliveiratextiles.com

Maharam
www.maharam.com

Design Tex
www.designtex.com

O-Eco-Textiles
www.oecotextiles.com

Rubie Green
www.rubiegreen.com

Kravet Green
www.kravetgreen.com

Live Textiles
www.livetextiles.com

Amenity
www.amenityhome.com

Harmony Art
www.harmonyart.com

加装饰面的细节

N 现在你知道了一些家具饰面的基础，来自 Spruce Austin 公司（*www.spruceaustin.com*）的阿曼达·布朗（Amanda Brown）和丽兹·乔伊斯（Lizzie Joyce）将向我们展示如何为饰面添加最后装饰，比如制作包布滚边、布艺纽扣、拉扣装饰和坐垫套。

包布滚边

包布滚边不仅可以加固边缘，还能让靠垫和家具的外观更加精致。

步骤

1 测量需要多少滚边。

2 用 $1\frac{1}{2}$~$1\frac{3}{4}$ 英寸宽的直尺沿着布料的对角线斜着画线。斜着裁剪可以最大限度地利用布料和绳子。

3 标记所有布条的末端，接着将它们裁下。

4 让一块布条的标记的末端与另一块布条的未标记的一端重合，在相接处以 45 度角裁剪。

5 将两块布条正面相对，对齐边缘，留出 1/2 英寸的缝份。

6 缝合边缘。

7 重复以上步骤，直到缝制的布条达到足够长度。

8 确认缝纫机上装了包布滚边压脚，拉链压脚也可以。

9 把绳子放在布条中间，紧贴绳子折起布条，对齐边缘。沿着绳子的右边缝制。遇到布条间的连接处时，敞开缝份缝制，尽量减少布面起伏。

材料

卷尺或直尺

粉笔

布料

剪刀

缝纫机

缝纫机的包布滚边压脚

绳子

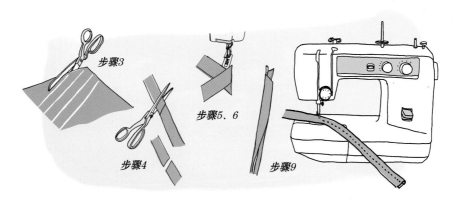

步骤3

步骤5、6

步骤4

步骤9

布艺纽扣和拉扣装饰

拉扣装饰是为靠垫、坐垫和家具增加趣味、添加元素、带来对比色的绝佳方式。专业家具装饰师有专业纽扣机器，但是只要照着以下步骤，你也可以自制布艺纽扣！

〜〜〜〜〜〜〜〜〜〜〜〜〜〜〜〜 步骤 〜〜〜〜〜〜〜〜〜〜〜〜〜〜〜〜

布艺纽扣

1　在布料上描出套装里的模板的轮廓并裁下。如果布料很薄，为了加厚布料，剪下两块布料并叠起。

2　把纽扣放在布料正中间，让布料正面包裹在纽扣外面，将布料夹入纽扣边缘的锯齿。先上后下，先左后右，方向相对地固定，均匀地收紧布料。

3　盖上纽扣盖子。接着制作第二个纽扣。

材料

合适大小的纽扣套装
（多数工艺品商店有售；为抱枕和靠垫装饰纽扣时每面各需要一个纽扣）

布料

剪刀

纽扣用线

纽扣用针

拉扣装饰

1　剪下双股纽扣线，长度需要能够穿过靠垫并留下 6 英寸线头。

2　将线的一端穿入纽扣环，接着将线的两端穿过针眼。

3　在预想的位置将缝针整个穿入靠垫，从靠垫另一端拉出线头。

4　移去缝针。

5　来回拉动双股线，确保纽扣线可以在靠垫中顺滑地滑动。

6　将双股线中的一根穿过第二个纽扣。

7　打一个活结（见小贴士）。拉紧线头的一端，直到达到理想的松紧度。

8　打一个死结，剪去多余线头。

小贴士：打活结时，双手各拿一根线，把右手的线放到左手的线上。把右手的线绕过绳环，接着穿过第一次交叉时出现的绳环，最后拉紧（见步骤 7 的插图）。

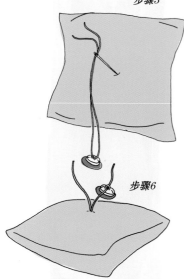

翻新坐垫内芯

你的坐垫变得太硬了？漏灰了？或是塌进去了？按照以下步骤翻新陈旧的坐垫内芯。

~~~~~~~~~~~~~~~~~~~~~~~~~~~~ 步骤 ~~~~~~~~~~~~~~~~~~~~~~~~~~~~

材料

家具泡沫

永久马克笔

电动刻刀或美工刀

涤纶薄布

剪刀

喷胶

1　把旧泡沫或坐垫套的轮廓描到新泡沫上。

2　用电动刻刀沿标记裁切。保证线条笔直利落。

3　用喷胶把涤纶布粘到泡沫表面和侧面，除了装拉链的一边。

4　修剪多余的涤纶，把内芯塞入坐垫套，接着舒舒服服地坐下吧！

安全小贴士：喷胶有毒性，在使用时请戴上面罩、打开窗户。在使用前保证房间充分通风，每次少量喷涂。

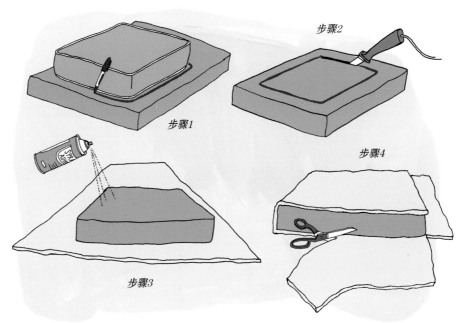

步骤1

步骤2

步骤3

步骤4

F 挑选饰面布料从未变得如此方便。除了邻近的家具店，在线网站提供了更多有趣而实惠的选择：Etsy（*www.etsy.com*）、J and O（*www.jandofabrics.com*）、eBay（*www.ebay.com*）和 Textile Arts（*www.store.txtlart.com*）。

不要挑选太薄的布料，比如窗帘和寝具布料。另外，易坏的或有弹性的布料不能经受日常磨损，因此也不能使用。我们应该寻找：

- 帆布
- 雪尼尔面料
- 厚亚麻布
- 天鹅绒
- 皮革
- 乙烯基面料
- 羊毛织物

这些面料提供了各式质感，风格多样、色彩斑斓，作为饰面时外观迷人而且经久耐用。

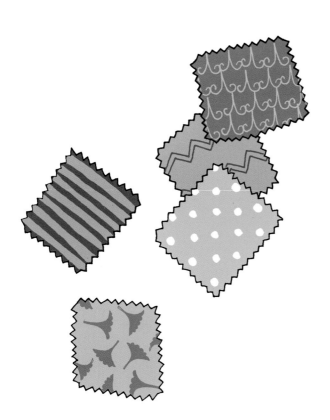

宠物和布料

猫狗即使是面对你最爱的布料也毫不留情。为了保护你的沙发和椅子，坚持使用耐久的面料，比如皮革、仿皮绒和乙烯基面料。如果有大型犬，你可以考虑提供更多防护的户外面料或高强度面料。

为了防止宠物猫的抓挠，试试双面胶带，比如"猫爪粘"。把这种胶带粘到抓挠最多的地方，猫儿的爪子会被暂时粘住，但是不会疼痛，不需多久它们就能学会远离这些地方。

翻新家具时的小贴士

需要和家具装饰师讨论的项目
坐垫数量和风格

套面

对比色滚边

混搭多种布料

装饰从未装过饰面的部位，比如损坏的藤条和中空式靠背

装饰钉

可以独立完成的项目
粉刷外框

为坐垫装纽扣

翻新装饰边

花艺作坊

没有什么能比花艺带给房间的清新生机和别致点缀更加美妙了。我十分痴迷于鲜花和盆栽，因此我在 Design * Sponge 网站上增设了两个花艺专栏，为了了解更多，我还拉着编辑们参加了无数花艺课程。对于一些人来说，插花让他们望而却步，但是它也可以变得十分简单、激动人心、充满创造力。

在这一章节我将会介绍一些插花摆设中的基本术语、工具、构思和原则。因为我还在不断学习，Design * Sponge 编辑艾米·梅瑞克为我提供了专业帮助。除了章节开篇处的指南，她还创造了十个优美的花艺摆设，从组合不同材质、改变高度，到运用别致的插花材料和容器，它们将会成为花艺设计章节的主要部分。尝试过她的十个基本插花造型后，从特别的假日摆设到平时的床边花束等各种场合，你都可以运用自如了。当然，我们一直追求着物美价廉的理念，艾米考虑了这些花艺的预算，还列出了一些绝佳的资源。

我还邀请了 Design * Sponge 的投稿人莎拉·莱哈嫩以匆匆一瞥章节中的装潢为灵感创造了一系列花艺摆设。这些花艺中有最简约的独枝花束，也有戏剧性的浮木摆设。在每个项目中，莎拉都会介绍所需鲜花和工具，展示如何重现这些插花摆设。我衷心希望这些项目能启发你，让你在创作一些特别的装饰时想到在自己的家中寻找灵感。

了解花材类型

花材可以分为三类：

- *线形花*：成为构架的长条花材。这些花卉在视觉上很坚硬，本身也很结实，既可以单独竖在花瓶中，也可以为组合式花艺增添高度。

  例如：剑兰、贝壳花、金鱼草、紫罗兰花、爱尔兰风铃草。

- *簇形花*：为花艺带来质感的饱满的圆形花朵。如果旋转起花朵时，每个角度看上去都一样，那么它就是簇形花了。正如名字所示，许多簇形花放在一起时令人赏心悦目。它们也可以在插花造型中填补大块空白。

  例如：绣球花、玫瑰、康乃馨、郁金香、非洲菊、向日葵。

- *填充花*：这些花常常被低估。如果你想要价格实惠的花束，你会惊喜地在花店发现它们几乎不要钱，有时还能在后院找到。填充花多数为枝茎，可能还有一些叶子和花朵。它们可以作为造型的底座，为花束带来纷繁之感，也可以单独使用。一些填充花单独插花时也十分漂亮。

  例如：蕨类、野胡萝卜、石南花、金丝桃果、紫菀、蜡花。

与众不同的材料

为了增加插花摆设的质感和色彩，可以考虑这些：

- *水果*：带小柠檬、橙子和浆果的枝条可以为插花摆设带来鲜亮的色彩。如果要用柑橘，把它们插到花艺细棒上。

- *药草*：试试像紫罗勒之类的小叶药草，也可以试试迷迭香或薰衣草之类的香草，为花艺增添高度、线条和芳香。

- *多肉植物*：把它们插在花艺细棒上，用花艺用线固定。

花艺用具

专业花艺师手头有各种各样的有趣工具，不过以下这些才是你在家中需要的基本工具：

- *剪刀*：花艺师非常爱护剪刀的刀锋，因为刀锋越锐利，花茎剪得越利落。

- *容器*：花瓶和其他容器越多，实验花卉和容器组合的机会就越多。另辟蹊径：尝试花瓶的各种形状，不论高矮圆细；旧玻璃瓶中的食品罐和果酱罐十分适合简单的插花；试试防渗的锡罐；奖杯造型效果绝佳。

- *绳线*：处理小型插花时，用来绑住花枝，固定造型。厨房用绳就不错。

- *剑山*：剑山是用来固定花卉的工具，而且可以替代花泥，花泥作为石油副产品很不环保。剑山价格低廉，还有各种材质可供挑选，而且非常适合固定插花中的各枝花卉。成团的铁丝网可以替代剑山。

- *其他*：花艺胶带、花艺细棒、花泥、花艺用绳有助于固定造型，但大多数情况下是用不到的。

花艺用绳

剑山

花艺胶带

花艺细棒

修剪、保存花卉

剪切花枝的方式对花卉的寿命有很大影响。记住：

- *务必用锋利的剪刀或切刀剪切花枝。* 如果用的是刀具，绝不能来回锯，必须直接切过花枝。切得越快越利落，花枝受到的损伤就越少，对花朵吸收水分的阻碍也越少。

- *倾斜着剪切。* 尽量贴近 45 度角剪切。比起垂直着剪，这样能形成更大的切面，让花朵吸收更多水分。

- *在水边剪切。* 在水龙头下方或其他靠近水的地方修剪花枝。修剪后放进水里的间隔越久，花朵枯萎得越快。

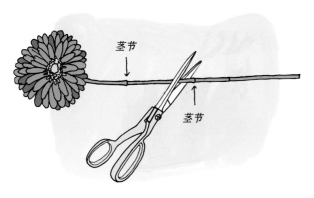

- *在茎节之间剪切。* 茎节即长出叶子和花蕾的地方，就像小突起一样。在野外或花园里修剪花卉时，务必在茎节之间剪切。

- *每天换水。* 保鲜剂和粉末通常被钉在花上，成分主要是糖和漂白剂，人们对这些白色粉末是否有效颇有争议。实际上，延长花朵花期的最好方法就是每天换水。如果你用的是透明玻璃瓶，就更容易看出水是否浑浊。把鲜花放在凉爽的地方也可以延长它们的生命。

插花小贴士

在设计插花造型时，有很多不同的风格和方法。在"汲取设计"团队中，我们抛开了所有条条框框，只遵守几条原则。只要按照这些基于传统西式插花的原则，你就能创作出充满生机的、平衡匀称的花艺，同时保留自己的个人风格和品位。

- *以奇数数量组合花卉。* 不对称的花卉摆设更好看。如果要使用少量花朵，可以在花瓶插三枝花，而不是四枝。如果你在创作更大型的花艺，试着把花朵三枝一组摆成一簇，增强色彩和质感。

- *构造出不同高度。* 各种填充花、线形花、簇形花的组合可以构成高矮变化，为摆设带来更多视觉冲击。花艺摆设通常有三个层次：底层一圈，茉莉和常春藤很合适；中间的主体花卉可以是玫瑰、牡丹、郁金香和其他中等高度的成簇花卉；最后是带来高度和构架的顶层花朵，枝条形花朵很合适。

- *对比材质。* 多样的材质总是能构造出平衡的花艺。比如，铁线蕨、野胡萝卜等对称的小花朵和饱满柔嫩的牡丹和玫瑰搭配起来可以营造浪漫柔美的气息。

- *慎重挑选色调。* 颜色十分重要。深色花朵在整个造型中看上去更沉重，更容易成为视觉焦点。比起将深色花朵放在底层，让视线下移，不如把它摆得高一点，把视线引向其他美丽的花朵。

打造基本造型

知道了花卉类型、裁剪保存花卉的方法、一些基本的花艺原则，现在你可以开始创作花艺摆设了！以下是一些简单的步骤。

* *制作基座*。开始制作时，多数人会直接摆放花朵。但是先为这些花朵制作基座是更加明智的做法。先把填充花放在器皿里，交叉枝条，形成网格，用来支撑其他花朵。

* *添加簇形花*。现在可以添加牡丹、玫瑰和其他圆形花朵了。把它们插入网格，务必用填充花支撑起簇形花的花朵。你可以将填充花靠在沉重的花朵下，防止花朵垂落、折断。记得在添加时不断改变高度和位置。

* *添加高挑的花卉*。高挑的线形花、枝条作为摆设主体的点缀应该最后添加。改变它们的高度和位置，避免在簇形花上方形成一面单一的墙。Saipua花艺店的莎拉认为这些花能为整个造型增加跃动感。比如，一根卷起的细长毛茛就能为花束带来轻快有趣的点缀。

* *旋转花瓶*。花束的背后没有正面好看是很正常的。如果你有多余的花朵，可以旋转花瓶，看看有没有空隙需要填满。试试插上奇数数量花朵组成的小花簇。比如说，如果花束中有一个很大的空间，不要插入饱满的牡丹，而是插入三朵小花，组成一盆蓝盆花就很好。

比起摆弄 相同高度的花朵，试着把花枝剪成不同长度，摆成简单的花束，可以让人回忆起花园里的花丛。

~~~~~~~~~~~~~~~~~~~~~~~~~~~~~ 方法 ~~~~~~~~~~~~~~~~~~~~~~~~~~~~~

从最高点开始，第一主枝约是花瓶的两倍，再逐一摆放。先把花插入花瓶，查看效果，再修剪花枝，放入花瓶。大波斯菊有自然弧度，而花瓶是宽口的，所以我用了一个小剑山，确保中央的花朵竖直挺立。这个技巧可以应用在所有类型的容器和花卉中。

　　有时一朵 艳丽饱满的花朵和一些衬叶就能令人驻足。时间和预算都很紧的时候，让花朵展现自我是最简单的。

方法

　　把叶子放进花瓶里。放上焦点花，记住当它的中心搁在瓶口时看上去最自然。加上一些娇小的花朵作为点缀。

低矮的
自然造型

心得
用花泥打造低矮的
瀑布花束

约花费
35美元

所用花材
绣球花、大丽花、西番莲、
落新妇、天竺葵、大波斯
菊、布拉德福德梨枝叶

其他方案
玫瑰、常春藤、蓝盆花、
玉簪叶、丁香花

容器
圆碗、矮脚瓮或
高脚果盘

其他材料
花泥

用花泥打 造瀑布花束令人意外的简单，可以突显几朵特别的花。将它插在圆碗、矮脚瓮或高脚果盘中都效果绝佳。

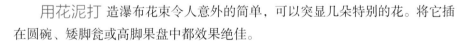

方法

照容器大小剪下花泥，在水中浸泡至少 10 分钟（注意干花不能使用花泥）。把花泥放在容器里，有洞的一面向下，倒入水（我在自己的赤土瓮里加了一层防渗层，因为它会渗水）。把绣球花和枝条覆盖在花泥上，形成一层柔软的自然衬垫，接着插上最大的焦点花。摆好花后再绕上藤条。如果你从花泥上拿下了一枝花，再次插花之前，你需要重新修剪花枝。仔细考虑每枝花的摆放位置，因为太多改动会在花泥上留下很多小孔，最终弄碎花泥。

所用花材
满天星

其他方案
蜡花、康乃馨、洋甘菊

容器
装饰锡罐

其他材料
透明防漏硅胶（可选）、
绳线

尽管经常 被忽视，成簇的填充花也会变得优美可人。要打造一枝活泼有趣的花束，可以将装饰锡罐当作花瓶。甚至连百货店里的咖啡罐也能衬托这个清新明快的花束，而且花费不多。

〰〰〰〰〰〰〰〰〰〰〰〰〰〰〰〰〰 方法 〰〰〰〰〰〰〰〰〰〰〰〰〰〰〰〰〰

先试试锡罐是否漏水。若是漏水，用透明防漏硅胶涂抹内部的所有缝隙，然后晾干。接着剪去每枝满天星的侧枝，方便用手紧紧握住一小束满天星。当花束可以填满锡罐时，用绳线绑住花束，放进罐子的水里。

枝条花艺

心得
只用枝条就能
做出华丽的
大型花艺

约花费
30美元

所用花材
卫矛枝

其他方案
山茱萸、山楂、沙枣、布
拉德福德梨枝叶、绣线菊

容器
高脚杯状花瓶或
酒杯花瓶

其他材料
铁丝网

当你想要 华丽的大型花艺摆设却又不想花费很多时，试试只用树枝制作花艺吧。有花朵绽放的枝条适合春天，而叶子鲜艳且果实累累的树枝适合秋天。

方法

剪下中等大小的方形铁丝网，团成一团，放入瓮底，作为底座。先把最大的树枝插入铁丝网固定位置，再旋转花瓶，添加其他枝条，打造一个可以从各个角度欣赏的饱满匀称的花艺。

与众不同的
元素

心得
寻找绿色的材质和
自然元素，
而非花朵

约花费
25美元

所用花材
洋蓟、蕨类、天竺
葵叶、迷迭香、
西番莲、蓝盆花蕾

其他方案
多肉植物、山楂、
鸡冠花、野草、罗勒

容器
大水杯或果汁杯
（我们用的是硬玉杯）

其他材料
竹串（可选）

　　考虑花材 时可以打破常规。水果、蔬菜、药草和室内植物可以构成妙趣横生又出人意料的组合，还比花卉便宜。现在你的后院既能供应你的晚餐食材，又能增添花艺的素材了。

〰〰〰〰〰〰〰〰〰〰〰〰〰〰〰〰 方法 〰〰〰〰〰〰〰〰〰〰〰〰〰〰〰〰

　　先摆放最大的素材，我用的是两个带枝的洋蓟。如果你找不到带枝的水果和蔬菜，也可以把竹串穿入果子中心。接着添加其他叶子，创造纷繁错落的效果。

手持花束

心得
用三种主要花材
制作小型
手持花束

约花费
25美元

所用花材
银莲花、艾曼纽
玫瑰、多头月季、
秋海棠叶、蓝盆花

其他方案
毛茛、大丽花、牡丹、
大波斯菊、树叶

容器
食品罐

其他材料
橡皮筋、缎带

只需几枝 花朵和漂亮的缎带，一枝简单的手持花束就能成为甜蜜的礼物，若是插在食品罐里也能变成优雅的摆饰。如果绕上丝绒缎带，那就可以用来装点一场简单的婚礼了。如果婚礼用花的费用太过夸张，你可以考虑亲手制作自己的花束。

〜〜〜〜〜〜〜 方法 〜〜〜〜〜〜〜

先处理中央的花朵，以同一方向旋转花枝，转松花瓣。同一种花组成的花簇能带来自然不造作的外观。加上一片树叶作为衬托，手中稍稍放松，在中间插入几枝细长的小花枝，为它赋予动感。用橡皮筋固定枝条，绕上漂亮的缎带，最后把枝条剪成相同长度。

野花摆饰

心得
创造刚从野外摘下的
随意风格

约花费
35美元

所用花材
大丽花、布拉德福
德梨枝叶、落新妇、
大波斯菊、蜡花

其他方案
玫瑰、叶子、野胡
萝卜、蓝盆花、景天草

容器
大玻璃杯

通过混搭 各种花朵和材质可以轻易创造出随意的自然摆设。不论处于哪个季节，你都可以在各种便宜的树叶、枝条、填充花中挑到中意的。用纷繁的颜色和质感不一的搭配能构造出优美动人、生机勃勃且自然大方的花艺。

~~~~~~~~~~~~~~~~~~~~~~~~~~ 方法 ~~~~~~~~~~~~~~~~~~~~~~~~~~

先摆放枝条，构造出一个骨架。再添加填充花，比如景天草或蜡花。接着把几种较饱满的花朵集中摆在一起，成为视觉焦点。最后，加入细长的花枝，增添自然动感。

圆形花艺

心得
创造紧实的造型

约花费
50美元

所用花材
大丽花、黑红玫瑰、
庭院玫瑰

其他方案
牡丹、绣球花、紫丁香

容器
圆柱宽口花瓶
（我们用的是水银玻璃瓶）

　　圆形花艺 是作为中央摆设的经典选择。同色调的花朵组合能构造出精致的花艺摆设，只用一种花卉会显得太过简单、随意。插花形状不完美时不要紧张：自然的圆形造型反而更加优雅。

〰〰〰〰〰〰〰〰〰〰〰〰〰〰　方法　〰〰〰〰〰〰〰〰〰〰〰〰〰〰

　　从瓶口开始，以螺旋式摆放花朵，让花枝互相交错。继续向上方螺旋摆放，记得改变花卉种类，用不同质地营造紧实感。

当季桌面摆饰

心得
将小型花艺和
单枝花枝组合起来，
打造桌面摆饰

约花费
50美元
（包括南瓜）

所用花材
庭院玫瑰、天竺葵叶、
迷迭香、柿子枝、
苋草、小南瓜

其他方案
山楂枝、玉簪叶、
蕨类、罗勒草

容器
各种瓶子、一只茶杯和
小花瓶
（或后两者之一）

其他材料
铁丝网

打造一个 令人难忘的中央摆饰也很容易，只需混搭一些自然元素，比如将这些南瓜和几组瓶罐、花枝、迷你花艺组合起来。不必投身于繁复的大型摆设，只要将几个迷你花艺围在一个中央焦点周围，你就可以获得相同的效果。

~~~~~~~~~~~~~~~~~~~~~~~~ 方法 ~~~~~~~~~~~~~~~~~~~~~~~~

为了打造桌面摆饰，搜寻各式各样的瓶瓶罐罐。开始在茶杯中制作一个迷你花艺。剪下一小块铁丝网，团好，放在杯底作为基座。一种花朵、两种绿叶、一种枝条的组合可以构成简易的小型插花。再摆上不同高度的瓶子，插上树叶和枝条，一组桌面摆饰就大功告成了。

收藏者的旧瓶子

所用花材
毛茛

其他方案
寻找有弯曲花茎的野花：
有细长花枝的野胡萝卜、
紫锥花、雏菊、庭院
玫瑰看上去清新可人。
关键是保证高矮错落，
将绽放的花朵和未开
的花蕾组合起来

容器
各式窄口旧瓶
（到 eBay 网、
Craigslist 分类信息网、
旧货商店找找看）

Design * Sponge 的编辑艾米·梅瑞克把所有东西都整整齐齐地收藏起来，她的家就像是一个古董柜。受到她的启发，莎拉用旧药瓶（这正是艾米会收集的）将几枝平凡的毛茛像标本一样展示出来。比起一大束花，这类插花主打几朵特别的花朵，能帮你节省不少花费。试着使用不同颜色和高度的瓶子增加视觉趣味。

方法

拿出不同高度的瓶子，在每个花瓶里插上一枝花。记得还要插上未开的花蕾。它们的小花苞可以为边上盛开的花朵带来一些线条感。

桦木花艺

灵感来源
杰尼弗·古德曼·索尔
在纳什维尔的小屋

约花费
50~100美元

所用花材
牡丹、波罗尼亚花、
木百合、花椒、
石榴和巧克力波斯菊

其他方案
任何藤蔓的组合
（比如蕨类和野生藤蔓）、
浆果、圆形水果
（比如柑橘）、花朵
（比如庭院玫瑰）。
为了丰富层次感，考虑
把柑橘用喷漆
喷成亚光色。

关于桦木皮

随着桦树的生长，剥落的
旧树皮会掉到地上。它的
质地既轻薄又柔顺，非常难
得。寻找桦木皮的最佳季节
在秋天，但是千万不要
尝试在树上割树皮！

莎拉十分 喜爱设计师杰尼弗·古德曼·索尔的木屋墙壁，因此创作了
一个木屋主题的花艺。运用自然剥落的桦木皮，她为木屋量身打造了一个自然
摆设，呼应屋里的红色和粉红色基调。这个花艺最棒的地方在哪里？想换花束
时，你可以拿下桦木皮，重新套上一个新花瓶和新花束。

方法

1 用一个 6×6 英寸的圆筒（一个大锡罐就可以），包上桦木皮。桦木皮本身有自然的弧度，非常
  容易包住圆筒形花瓶。

2 包裹好以后，用刀或刀片切掉超出瓶身的树皮，接着用热熔胶固定，也可以用绳子绑好。

3 摆放花朵时，先松散地摆放主要花朵（牡丹和玫瑰），把水果插到花艺细棒上，一枝一枝地插
  进其他花卉中间，直到造型变得平衡，却仍有一分随意，就好像摆放在温暖的小木屋里的鲜花
  一样。

白绿相衬

灵感来源
波尼·夏普在
达拉斯的家

约花费
30~50美元

所用花材
天竺葵叶、毛茛、气生
铁兰、郁金香、苋草

其他方案
这个花艺的重点在于
颜色搭配。若要以较少的
花费创造相似的白绿
基调，试试白色或白绿
相间的康乃馨或多头月季。
罗勒叶可以作为填充叶。
常春藤、茉莉等蔓生
植物可以代替苋草。

其他材料
花泥、花艺用绳、
花艺细棒（可选）

莎拉非常 欣赏织物设计师波尼·夏普卧室里的绿色色调，于是她决定在这个花艺中捕捉这抹青翠之色。高脚果盘做的花瓶让这一简单的摆设变得更加高雅。一些简单的技巧比如改变容器的高度——使用高挑的容器或是把矮瓶放在书堆上——就能获得戏剧性的效果。

方法

1 在高脚浅口果盘或其他花瓶中放入 2 英寸厚的花泥。放上天竺葵叶和毛茛，准备垫上气生铁兰。

2 用花艺用绳把气生铁兰绑到花艺细棒或花枝上，弯到理想的角度。

3 插好气生铁兰后，在其他地方填上郁金香和苋草。

浮木花艺

灵感来源
琳达和约翰·梅耶在
缅因州的家

约花费
大多数都可以在后院
和树林找到,不过
先要得到许可

所用花材
野胡萝卜、牵牛
花藤、木百合、秋海
棠叶、阿格尼斯花

其他方案
野花、藤蔓、叶子的
组合将为这一随意的
摆设带来个性。
从你自己的后院摘采
植物可以省下一笔钱。
野胡萝卜经常长在旷野
里,驾车经过时可以注意
一下,不过当心不要
进入私人领地或保护区。

容器
一段中空的浮木

其他材料
花泥

约翰·梅耶 和琳达家中的每个角落都隐藏着惊喜,就像一处奇妙的森林一样充满了各种深色色彩。莎拉想要创造一个同样天马行空的花艺,于是她用了一大块浮木作为花艺的底座。在准备晚宴的中央摆设时,使用浮木和中空圆木等与众不同的材质作为容器,既可以成为聚餐的话题,又能鼓励你创作更自由舒展、更亲近自然的作品。

〜〜〜〜〜〜〜〜〜〜〜 方法 〜〜〜〜〜〜〜〜〜〜〜

1 如果找不到浮木,你可以在 eBay 网上搜寻价格适中的。在浮木的开口处填入 5 英寸厚的适当大小的花泥,作为花艺底座。

2 从大到小把花朵枝条插进花泥。这个造型应该显得自由随意,充满流动感,不要害怕让花草自然垂下。

小贴士: 因为缺少水分补给,这个花艺的花期不会像其他花艺那样长久,但是它能在聚会和其他特别场合中大放异彩。

芳香花艺

灵感来源
卡罗尔·妮莉在
里昂的家

约花费
20美元

第16页

所用花材
桃色庭院玫瑰、夜来香

其他方案
这一花艺的重点在于
色彩和芳香。若要
打造一个迷你版本，
买一两枝漂亮的玫瑰
还是很值得的。若是
想花得再少一点，
你可以用康乃馨
代替玫瑰。

容器
宽口长颈花瓶

　　法国人对 花卉颇有些讲究，对花香的重视更是声名远扬。Basic French 品牌的创始人卡罗尔·妮莉的卧室中的浅桃色启发了这束帕菲杯中的芳香花束的色调。我们相信卡罗尔的法国邻居也会认可这束花束。

〜〜〜〜〜〜〜〜〜〜〜〜〜〜〜〜 方法 〜〜〜〜〜〜〜〜〜〜〜〜〜〜〜〜

　　要打造这个简单的插花，先把三枝主要花朵团成一束。视觉焦点在这组庭院玫瑰上，接着把夜来香插到后面作为衬托。不要害怕保持简单——摆弄芳香的花朵时，有时花朵少一些效果反而更好，你可不想让房间里的香味太过浓郁。

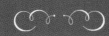

红色基调
的花艺

灵感来源
谭素林和奥科在
新加坡的家门

约花费
40美元

所用花材
玫瑰、玫瑰果、
青草、毛茛

其他方案
现在的康乃馨有各种颜
色。挑选一些深浅
不同的红色、紫色
康乃馨，以更少的花费
获得相似效果。

容器
红色花瓶或窄口花瓶

小贴士

在制作同一色调的花艺
时，最好在颜色深浅、
质感、大小上做文章。寻找
深浅不同的植物、叶子、
藤蔓、花朵，让插花的颜色
更有跨度。为了增加视觉
趣味，试着运用一点对比色。
在这里，绿色衬托了
浓郁的红色基调。

　　谭素林和 奥科家里的红色大门在我们看到屋内装饰前就给了我们一个惊喜。莎拉想用这个红色的花艺捕捉那浓烈的色彩，同时向我们展现如何处理不同深浅的同色花朵。选好红色器皿后，试试搭配上能被瓶身映衬的红色、粉红色、紫色花卉。

方法

1　先从你最爱的或是最有趣的一朵花开始，将它握在手掌中央（见小贴士）。再围着它添加花朵，记得让花朵高矮交错。在创作这个花艺时，莎拉没有事先修剪花枝，以便在放入花瓶前调整高度。这是处理窄口花瓶时的实用技巧。

2　摆好造型后，修剪枝条，插进花瓶里。最后插进几根向外延展的枝干，让造型变得更加纷繁饱满。

　　小贴士：莎拉在手里构造型，握紧花枝，以便放入瓶口。

多肉
植物花盒

灵感来源
塔拉·黑贝尔在
芝加哥的家

约花费
50~100美元

第102页

所用花材
多肉植物、石莲、
阿格尼斯花、银色
布鲁尼亚果、下垂式
苋草、桉树叶、
毛茛、伞状蕨类

其他方案
这束花将蔓生植物和
厚重的花朵混搭起来。
填充花和蔓生植物
可以用蕨类、野生浆果
和藤蔓代替。大多数都可
以在你的后院和田地里找
到。小型多头月季
可以代替毛茛。

容器
低矮的花瓶或容器。小木
盒将会非常合适。

其他材料
铁丝网、花艺木棒

园艺设计 师和 Sprout Home 花艺店的店主塔拉·黑贝尔的家里摆满了各种绿色植物。同样作为花艺师,莎拉被 Sprout Home 的花艺摆设的新意和质感深深吸引,于是她决定创作一个作品,融合塔拉家中的现代气息和她的花艺风格。不要害怕在插花中运用多肉植物和其他绿色植物,不同深浅的绿色植物可以像色彩斑斓的花朵一样漂亮。

方法

1 在铝质方瓶(塑料、陶瓷、木质方瓶都很好)中放入一块铁丝网。你可以在大多数五金店和家居装修店找到铁丝网。

2 把多肉植物绑到木棒上,这样才能把它们插入铁丝网。

3 绑好多肉植物后,把它们插入铁丝网固定好。接着在周围填入其他花卉和绿叶,营造繁茂的层次感。

茶杯花艺

灵感来源
琳达·加德纳在墨尔本的家

约花费
25~50美元

所用花材
银色木百合、毛茛、
毛茛花蕾、蓝盆花
和蓝盆花蕾

其他方案
康乃馨、雏菊、多头
月季可以代替毛茛。
洋甘菊可以代替蓝盆花。
多肉植物可以在多数花店
找到，还很实惠，可以
代替木百合。关键在于
将花蕾和花朵搭配起来。

容器
茶杯、咖啡杯或宽口矮瓶

其他材料
花泥或绳线（可选）

在与众不 同的容器中创造花艺永远都是这么有趣。莎拉立刻爱上了琳达家中摆满了瓷器的橱柜，创作了这个花艺呼应她的瓷器收藏。如果你不喜欢茶杯，可以看看你自己的橱柜，寻找果汁矮杯或旧酒杯，打造相似的效果。

~~~~~~~~~~~~~~~~~~~~~~~~ 方法 ~~~~~~~~~~~~~~~~~~~~~~~~

1 把一块 2 英寸厚的花泥放进茶杯。以平时喝茶的方式把茶杯放到茶托上，确定把手的方向。

2 开始插花，将银色木百合、长条的毛茛花朵作为背景衬托，在前面放上毛茛和蓝盆花的花朵、花蕾。你也可以在手中摆好造型，绑上绳子固定，把花枝剪短，最后把这束小花放进没有垫上花泥的茶杯。

渐变花艺

灵感来源
乔伊·西格彭
在佐治亚州的家

约花费
50~100美元

所用花材
小苍兰、玫瑰、毛茛、
花椒、木百合、香水
月季、布鲁尼亚果

其他方案
以色彩为主题的花艺有
很多经济的选择。试试
用康乃馨和多头月季
替换小苍兰、玫瑰和香水
月季。当地蕨类可以
代替垂下的藤蔓。寻找
各种颜色的花卉，并从
左到右渐变摆放，不断改
变花材。如果用了康乃馨，
搭配一些覆盆子，甚至
可以考虑小葡萄枝。

容器
高挑的花瓶效果最好，
不过只要瓶子是宽口的，
或者瓶口与瓶身宽度
成比例，你也可以
用矮一些的花瓶。

其他材料
绳线（可选）

这束花的 灵感来自创意总监兼设计师乔伊·西格彭女儿卧室中的渐变色调。附近花店的廉价花朵就能打造出柔和的渐变色彩。只需挑出三四种颜色，按颜色渐变方式摆放花朵即可。莎拉从 Yellow Owl Workshop 商店挑了一只奶白色的奖杯状花瓶，它清新年轻的感觉与这束鲜花十分相衬，它的中性颜色也能衬托多彩的鲜花。

方法

为了营造彩虹渐变效果，先从一边开始摆放一种颜色，慢慢地向另一边添加花朵，逐渐增加下个颜色的鲜花。如果你觉得彩虹色彩太亮丽了，可以试试同色系的深浅渐变，参见第 312 页的红色主题的插花。

小贴士

使用高瓶时，在手里构思造型比较容易，再用绳子或酒椰绳扎紧花束，最后放进花瓶。

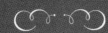

奖杯花艺

灵感来源
琳达·加德纳在
戴尔斯福特的
乡村宅邸中的中古奖杯

约花费
50~75美元

所用花材
牡丹、木百合、阿格
尼斯花、兰花、巧克力
波斯菊、青草

其他方案
要打造较便宜的版本，
用庭院玫瑰、小绣球花
等簇形花作为插花主体。
用小苍兰代替兰花。野藤
蔓、茉莉，甚至野草
都能成为下垂元素。

容器
奖杯或奖杯状花瓶
（试试在 eBay 网和旧货
商店搜寻廉价奖杯）

不论是你 赛跑、跳高还是烹饪赢得的奖杯现在都可能摆在橱柜里积灰，是时候为它们找到用途了！另辟蹊径，把它们当作花瓶，让你回忆起旧日的小小成功。莎拉就用这个银质奖杯打造了一个浪漫的花艺摆饰。

方法

奖杯状花瓶很容易摆放造型。只需先将最大的花朵放在中心，最后插上最小的枝条即可。如果你的奖杯很浅，用花艺胶带粘在杯口，形成网格，以便保持花枝位置。

蓝粉相衬

灵感来源
**马可斯·海伊在
纽约市的餐厅**

约花费
30美元

所用花材
**毛茛、秋海棠叶、
巧克力波斯菊**

其他方案
这次的主题是花瓶与
鲜花的色彩对比。庭院
玫瑰、多头月季、康乃馨
或石莲都可以作为鲜花元
素。秋海棠叶的纹理和颜
色是最理想的，不过你也
可以改而使用绣球花叶或
蕨类，在更高挑的花朵的
搭配下，如何可以构成
更宽、更平展的外观。

容器
直筒矮瓶

设计师 马可斯·海伊的餐厅充满了明亮的蓝色和桃红色。莎拉以此为基调用毛茛和秋海棠叶制作了这个小型花艺，鲜亮的粉红花束让花瓶同样成为视觉焦点，令人过目不忘。

方法

制作这么简单的花束时，最好把叶子拨到一边，把较高的毛茛插在花瓶的另一边。用巧克力波斯菊和增加高度的毛茛枝条平衡造型。

面目一新

在 *Design*Sponge* 团队中，没有什么比拯救一件废旧家具，让它们焕然一新更加激动人心了。不论是在上漆、添加新零件，还是着手全面翻新，改头换面的过程在编辑和读者中

都很受欢迎每周的面目一新专栏从 2007 年起开设，共同欣赏来自读者的惊人的翻新成果，很快就成为大家的最爱。在这一章我将会分享 50 个绝佳的改造项目。

每个项目都列出了费用、时长和难度，方便你找到适合自己的改造项目。尽管我挑选了一些花费不菲的大型翻新项目，但是大多数项目是由读者投稿的，他们和

你一样时间有限、预算很紧，同样也没有专业的手艺。或是给椅子换饰面，或是把行李箱改造成边桌，这些项目适合所有人。我希望看完这些项目后你会想到去庭院贩售、旧货商店甚至路边寻找适合你家的家具，不再仅仅因为一些能够修理的小故障就把家具扔掉。

E每逢周四，Design * Sponge 的面目一新栏目的评论区里总会出现这样的讨论：我们该不该改装一件中古或古典家具？两大阵营界限分明：一边坚信艺术家和设计师的作品绝不能改动，另一边觉得只要能让它们重获新生一些改造也无可厚非。编辑们也各执一词，因此我觉得与其在这里讨论是非对错，还不如分享一些实用技巧，帮你辨别手工制作的、有经济价值的优质家具和设计。至于要不要重刷全由你决定！

手工作品、精良做工的标志

- 鸠尾榫接头

- 结实的硬木板（而非薄木板）

- 拐角加固片（提供长久支撑）

- 相同质量的正面和背面（高质量的家具对正面和背面同样重视）

- 抽屉滑槽（木质和金属抽屉滑槽能增加稳固性）

评估二手家具摆设的小技巧

- *寻找商标、标签、商标卡：*制造商为确保权威性通常会留下标志。

- *评估损伤：*家具的损伤当然越少越好，不过有时可以从裂痕和褪色情况看出它的制造时代，可能会增加家具的价值。记得向卖家询问家具瑕疵的来历。

- *了解市场行情：*如果你特别钟爱某种风格或某种家具，稍微调查一下相关品牌的不同特点。在 eBay 网、1stdibs 网、Craiglist 分类信息网上找找类似的物件总不会有错。有经验的古董商经常在网上贩售，还能告诉你购买某类家具时应该寻找哪些特征（以及你应该为那些家具付多少钱）。

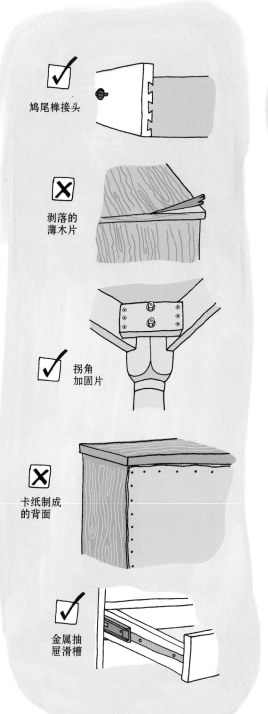

鸠尾榫接头

剥落的
薄木片

拐角
加固片

卡纸制成
的背面

金属抽
屉滑槽

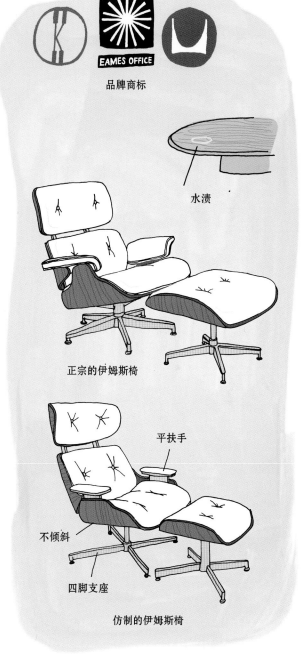

品牌商标

水渍

正宗的伊姆斯椅

平扶手

不倾斜

四脚支座

仿制的伊姆斯椅

贝斯的
黄色体重计

花费
6美元

时长
3小时

难度

★ ☆ ☆ ☆

之后

我总是很高兴听到读者和艺术家们决定翻新我绝对想不到的物件。住在宾夕法尼亚州兰开斯特的 Design * Sponge 读者马特和贝斯·柯勒曼（Matt and Beth Coleman）在旧货商店随兴地花了 2 美元买到了这个旧体重计，随后决定把它翻新一下。他们用 Krylon 公司（美国）出产的亮黄喷漆重漆边缘，用一张软木纸替代损坏的黑色橡胶。现在他们的浴室有了一个独一无二的体重计。

之前

花费
45美元

时长
1小时45分钟

难度
★☆☆☆

之后

之前

　　住在毛伊岛的平面设计师约翰·乔丹尼（John Giordani）很喜欢他的不锈钢柜子，但是想给无趣的棕色增加一些趣味。受马克·罗斯科（Mark Rothko）的绘画启发，他决定用 Kilz 品牌（美国）的二合一式喷漆底漆粉刷橱柜。现在这个柜子变得清新多彩，成为家中的有趣话题。

花费
10美元

时长
8小时

难度
★ ★ ★ ★

之后

新婚夫妻 K.C. 和莎拉·吉森（Sara Giessen）想用新家具装饰他们在亚特兰大的新家，可是预算很紧。于是他们决定把这张现成的桌子改造成餐桌。莎拉剪下餐盘和餐具的模板，把桌面刷成鲜绿色。干燥后，就得到了这个自带餐具位置的色彩明快的桌子。

之前

花费
271美元

时长
4小时

难度
★ ☆ ☆ ☆

之后

之前

室内设计师兼时装设计师劳伦·尼尔森（Lauren Nelson）为她位于麻萨诸塞州坎布里奇的家添置这把椅子时，她的男友并不看好它。但是劳伦对他说："相信我，它大有潜力！"在一系列的清理、打磨、重刷涂漆后，她为它装上了 Stout Brothers 公司（美国）出品的蓝白布料，它亮丽的颜色为椅子带来了清新干净的外表。她的男友现在觉得这是屋子里最漂亮的椅子了。

325

米歇尔的原木桌

花费
15美元

时长
1小时

难度
★☆☆☆

大多数人经过伐木场时都不会再看第二眼。但是住在亚利桑那州俄洛谷的博客撰写人米歇尔·辛克丽（Michelle Hinckley）却觉得可以在那儿寻找有趣廉价的边桌材料。她花了5美元买到这个树桩，把它全部涂成烟灰色，在顶部放上一面来自Target百货的10美元的镜子。干燥、组装后，就完成了这个崭新而时尚的木桌了，全部费用还不到20美元！

之后

之前

花费
55美元

时长
3小时

难度
★ ☆ ☆ ☆

之后

之前

不是每个人能想到用木货盘制作女儿游戏室的家具，但是摄影师阿什莉·坎贝尔（Ashley Campbell）看到了这个平庸木材的潜力。为了让它变得"温暖柔软"，她给它装了带锁的轮子，从Target和宜家买来舒适的床垫、寝具和靠垫，给位于俄克拉荷马州布罗肯阿罗的家打造了一张多彩的沙发床。为了增强古旧感，阿什莉还把一扇旧门当作简易的床头板。

安全小贴士：木质货盘因工业用途经常受化学品处理。更多关于货盘安全的信息请见 *www.ehow.com/ way_5729154_wood-pallet-safety.html*。

花费
32美元

时长
10小时

难度

★ ☆ ☆ ☆

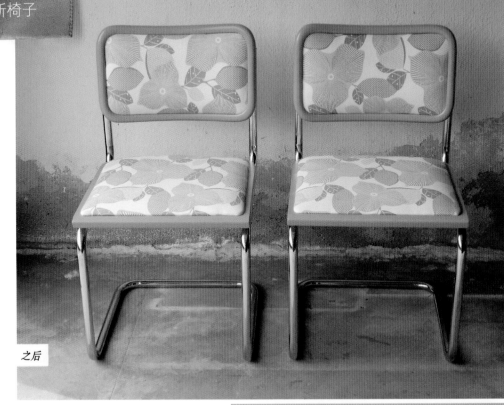

之后

作为改头换面项目的共同元素之一，损坏的家具独有的怀旧感始终吸引着人们。在这里，建筑师兼设计师卡尔门·麦基·布深（Carmen McKee Bushong）看到这对金属方椅时想起了童年时的一对椅子。为了改造它们，卡尔门为椅面木框重刷上黄色，装上艾米·巴特勒设计的醒目的鲜花饰面，让它们在洛杉矶的家中重获新生。

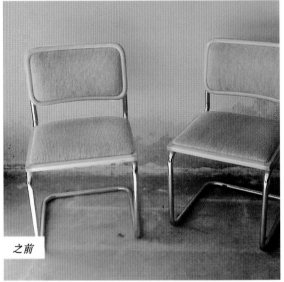

之前

花费
30美元

时长
1小时

难度
★ ★ ★ ★

之后

之前

　　博客撰写人兼全能手工艺者米歇尔·辛克丽是辐射状镜子的狂热爱好者，可是它们一般都很贵。当她在位于亚利桑那州俄洛谷的家附近的一家HomeGoods家居商店发现这个只要29美元的镜子时，她毫不犹豫地买下了它，决定以极低的预算打造自己的版本。她在杂货店买了价值97美分的竹签，用来制作辐射状造型。把竹签贴好后，把镜子和竹签全部刷成黑银色，创造仿古效果。

花费
30美元

时长
每张桌子2小时

难度
★ ★ ★ ★

之后

俗话说得好，青菜萝卜各有所爱。作为母亲的俄勒冈州工匠塔尼娅·里森梅·史密斯（Tanya Risenmay Smith）立刻爱上了这些课桌，把别人的垃圾变成了她的两个孩子珍爱的家具。她仔细抹去桌子上的灰土，涂上白色底漆，喷上光滑的苹果红色和粉红色喷漆，涂层干燥后再刷上黑板漆，为孩子制作了两张用来玩乐学习的桌子。

之前

花费
44美元

时长
3小时

难度
★ ☆ ☆ ☆

之后

之前

　　艺术家诗琳·莎芭（Shirin Sahba）十分喜爱中古行李箱，当丈夫在当地的二手商店发现这个箱子时她简直是欣喜若狂。尽管搬进位于温哥华岛的家中时它的样子并不好，诗琳相信只凭一些DIY的热情就能让它焕然一新。她清理了行李箱，为它重刷上亮丽的珊瑚红色。"现在每个走进屋子的访客都会立刻被它吸引。"

花费
20美元

时长
1小时

难度
★ ☆ ☆ ☆

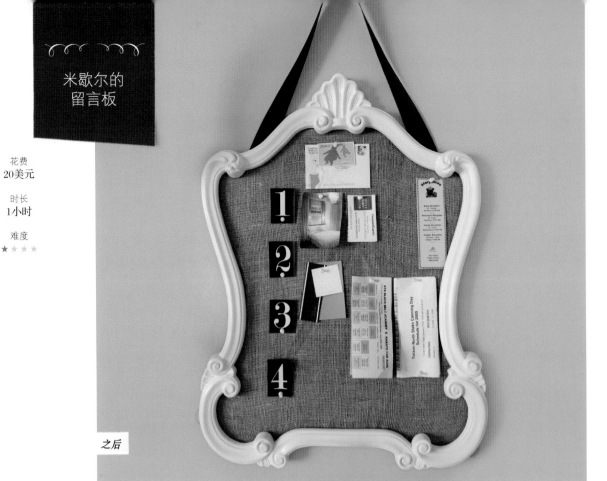

之后

房产拍卖会是发现廉价设计品的绝佳场合。"三男一女"博客的作者米歇尔·辛克丽在一次房产拍卖会上发现了这个仅要价15美元的金色镜子，打算把它带回家改造成办公用具。米歇尔把架子上的镜子取下，换上她一直留着的旧软木板，再盖上一块粗麻布，并用喷胶和订书钉固定。装上软木板和粗麻布前，她先把外框刷成了白色。现在这个漂亮的留言板用缎带挂在她那位于亚利桑那州俄洛谷的办公室里。

之前

花费
45美元

时长
2.5小时

难度
★ ☆ ☆ ☆

之后

之前

不需多少工夫，床头板就能为房间带来醒目的色彩和花纹装饰，如果床头板是价格不高的屏风的话就更是如此了！住在阿拉巴马州塔斯卡卢萨的艺术家布鲁克·普勒莫（Brooke Premo）在一次拍卖会上拍到了这个花纹繁复的折叠屏风。只需稍稍抛光，重上一层亮蓝绿色涂漆，她就把它改造成了理想中的床头板。

花费
100美元

时长
8小时

难度
★ ☆ ☆ ☆

之后

　　在意想不到的地方刷上鲜亮的颜色是我最喜欢
的翻新家具的方式之一。Design * Sponge 的读者妮
可尔·哈拉蒂娜（Nicole Haladyna）在德克萨斯州奥
斯汀专门从事翻新家具的工作，她就用这种方式改
造了这个书桌。她为书桌外框刷上成熟的灰色，让
成熟的外表与内部活泼的橙色形成有趣的对比。

之前

凯伦的书架

花费
16美元

时长
2小时

难度
★ ☆ ☆ ☆

之后

　　木质货盘是最容易找到的万能建筑材料之一。住在马萨诸塞州莫尔登的凯伦·布朗（Karen Brown）是一位忙碌的母亲，她想把还在蹒跚学步的大女儿的书放到她碰不到的地方，于是她花了一个下午完成了这个书架。她把在街上发现的木质货盘清洁晾干，抛光表面，涂上一层蜡光剂（Fiddes Wax 公司的橄榄棕色），赋予它现代的沙滩气息。

之前

珍妮的家

花费
2500美元
（包括新家具和零件）

时长
3个月

难度
★ ☆ ☆ ☆

之后

平面设计师珍妮·因菲尔德·迪恩（Jenny Enfield Dean）和摄影师乔·米勒（Joe Miller）都经常出差。当他们要住在一起时，他们共同设计了室内装潢，将这个家打造成一个舒适的避风港。在三个月里，他们收集了各式各样的新旧家具。为了装点这个空间，他们还各自创作了画作。鲜亮色彩和图案的点缀既让这里充满现代感，又营造了温暖舒适的氛围。

之前

巧手装扮我家

花费
60美元

时长
16小时

难度
★ ★ ☆ ☆

之后

之前

洛杉矶艺术家兼设计师奥兰多·杜蒙德·索里亚（Orlando Dumond Soria）一直不满意家里肮脏的地板，于是他决定把它拆掉，换上时尚的条纹图案。只需使用廉价的自粘黑白油毡、美工刀和铅笔，奥兰多把油毡布切割成小块，排列成条纹图案，一共只花了60美元。很难想象这么漂亮的条纹是用油毡布拼成的，但是奥兰多向我们证明了高端的外观也可以用经济实惠的低端材料实现。

337

面目一新

花费
60美元

时长
15小时

难度
★ ★ ☆ ☆

之后

罗莉·顿芭（Lori Dunbar）的家位于威斯康星州，当她移掉阳光室的地毯时，她决定不仅要让阳光照射进来，还要用花纹提亮整个房间。她用自己设计的模板和贝尔品牌的阳光黄门廊漆（sunshine yellow）为房间带来崭新外貌。之前的地毯让房间显得很沉重，而这个活泼有趣的图案为这间日光室带来了应有的明快。

之前

花费
3000美元
（包括新家具和装饰）

时长
漫长的1周

难度
★★☆☆

之后

之前

　　我们都曾面对过糟糕的房间布局，设计师杰森·马丁（Jason Martin）在洛杉矶的客房也不例外。他决定改变客房的布局，把办公桌放到床尾，最大限度地利用空间，让它兼具书房功能。为了丰富色彩，他在后墙装上了实惠的宜家窗帘。接着他又添置了一些来自自己工作室 Jason Martin Designs 的家具，以及一些来自 Crate and Barrel 家居连锁店的实惠装饰，与房间温暖的棕色基调相互呼应。

艾米的工作室

花费
40多美元的壁纸
（每平方英尺7美元）

时长
8小时

难度
★★☆☆

之后

和很多人的家一样，Design * Sponge 的编辑艾米·梅瑞克的公寓也有采光不足的问题。她希望把工作室打造成一处都市绿洲，让她想起布鲁克林花艺店 Saipua（她在那里工作）中的鲜花。她决定使用查尔斯·沃塞设计的壁纸图案。这个名为药剂师的花园（Apothecary's Garden）图案于1926年设计，现在由马萨诸塞州普利茅斯的 Trustworth Studios 工作室出品，让她的办公室充满了欢愉的鲜花、小鸟和昆虫图案。尽管艾米没有后花园，但是她每次走进工作室时都仿佛身处其中。

之前

花费
80美元

时长
1天

难度
★ ★ ☆ ☆

之后

之前

很少有图案能像漂亮的条纹一样带来绝佳的清爽感。在这里，戴安娜·凡·黑尔弗（Diana van Helvoort）运用鲜亮的条纹图案让这把旧长椅变得面目一新。作为一家慕尼黑的缎带兼手工艺品商店的主人，她总能发现优秀的设计，在看到这把被扔在马路上的长椅时，她就知道它的经典结构永远不会过时。戴安娜把它搬回家后，为它抛光、上底漆，最后涂上一层白色涂漆。涂漆干燥后，放上多彩的条纹靠背和椅垫，最后加上店里的罗缎丝带作为装饰。

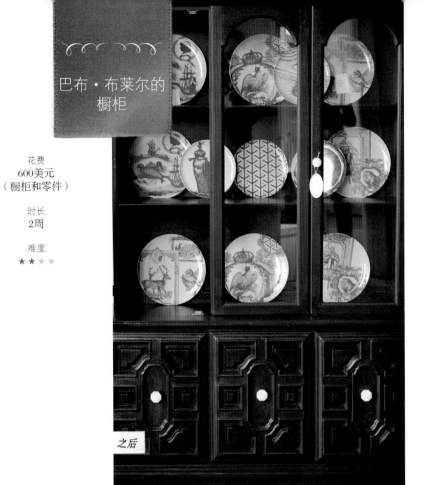

巴布·布莱尔的橱柜

花费
600美元
（橱柜和零件）

时长
2周

难度
★ ★ ☆ ☆

之后

有时不需改变太多就能让旧家具改头换面。巴布·布莱尔（Barb Blair）是南卡罗来纳州格林维尔的 Knack Studio 工作室的创建者，她在修整翻新这个旧橱柜时就很清楚这一点。她为它刷上了一层拉尔夫劳伦公司的乌木色涂漆，同时更换了零件。"只需要做少许改动就能为它赋予现代感，甚至还能让它进入一个新家，比如换下华而不实的零件，装上更加成熟的配件。"

之前

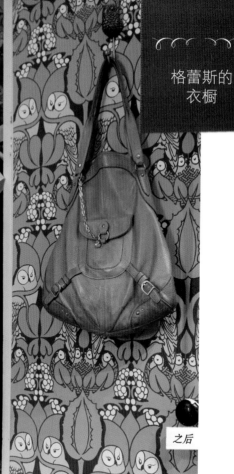

花费
200美元

时长
4小时

难度

★ ★ ☆ ☆

之后

之前

尽管我曾在 Design * Sponge 上分享过我的家，但我总是悄悄地避过屋子的一角：衣柜。由于空间有限，每次客户来访时，我都会匆匆忙忙地把鞋子、办公用具和手工用品一股脑儿地塞进衣柜。决定用漂亮的色彩和图案改造这个杂乱的空间后，我使用了 Trustworth Studios 出品的壁纸，不仅用它遮盖了柜门和内墙，还包裹了衣物架。如今不再把衣橱当作杂物间，而是个人空间的延伸，我会更加谨慎地考虑在里面存放什么以及如何储藏。有客人来时，我再也不需要把所有东西藏到衣柜里，我终于可以大大方方地打开柜门，向大家展示它的森林主题了。

花费
55美元

时长
4小时

难度
★★ ☆ ☆

之后

来自俄勒冈州波特兰的 Shakti Space Designs 工作室的艺术家卢新达·亨利（Lucinda Henry）在翻新柜子时决定征求博客读者的意见，用投票决定用哪种装饰。最终结果出来后，最受欢迎的是 Kittrich 公司（美国）的胡桃木纹黏纸。把梳妆柜的主体刷成白色后，卢新达设计了一个鲜花图案，从胡桃木纹黏纸上剪下每朵花，贴到梳妆柜正面。这些黏纸营造了一种错觉，涂漆下方似乎露出了奢华的深色木质纹理，而它实际上只是一个普通的橱柜。

之前

花费
650美元
（包括梳妆柜和零件）

时长
9小时

难度
★★ ☆ ☆

之后

之前

　　装饰纸可能是让旧家具焕然一新的最实惠、最有趣的工具之一。巴布·布莱尔来自南卡罗来纳州格林维尔的 Knack Studio 工作室，为外框刷上奶桃色涂漆后，他用 Papaya 公司出品的优雅花纹纸装饰了梳妆柜的面板。如果不想把家具全部上漆，你可以像巴布一样贴上包装纸、彩色信纸，甚至买一小张壁纸，这既能让家具显得高端美丽，又能维持预算。

查德的
文件柜花盆

花费
40美元

时长
5小时

难度
★★☆☆

之后

大号花盆可能要价不菲，但是奥斯汀的家具设计师查德·凯利（Chad Kelly）知道他可以用一个普通的文件柜打造一个价格更合理、更有趣的花盆。"我在商店里看到一个相似的柜形花盆，居然要600美元！我知道可以打造出远远便宜的版本。"他在Craiglist分类信息网上找到一个Anderson Hickey品牌的文件柜，只要30美元。为了赋予它鲜亮的外表，他喷上了Rustoleun牌阳光黄色防护瓷漆（Sunburst Yellow），做好适合大小的胶合板木箱并把它们放进去后，查德种上了从当地苗圃买来的植物。

之前

花费
150美元

时长
5天

难度
★ ★ ☆ ☆

之后

之前

　　灰黄两色是在 Design * Sponge 上最常见的色彩搭配，因此我们非常高兴地看到住在诺克斯维尔的丽比·葛利（Libby Gourley）在厨房翻新计划中运用了这组搭配。作为一名烹饪爱好者，为了更加享受为家人做饭的时间，丽比开始着手改造这间上世纪70年代的厨房。为了节省费用，她主要运用了能够带来现代感的涂漆。受厨房的食物（其实就是鸡蛋）启发，她为橱柜刷上了黄白两色涂漆，它们在浅灰色墙壁的映衬下十分醒目。有趣的厨房用具又带来了另一抹色彩，成为这个令人"胃口大开"的厨房的最后一笔点缀。

Nightwood的普罗旺斯式边桌

花费
10美元

时长
12小时

难度
★ ★ ☆ ☆

之后

来自 Nightwood 工作室的布鲁克林设计师纳迪亚·亚龙（Nadia Yaron）和米利亚·斯克鲁格斯（Myriah Scruggs）因他们的田园式家具翻新项目而知名，两人决定把这个中古边桌改造成一件现代时尚的家具。他们使用了旧橡木板、栗木板、松木板和胡桃木板，加起来还不到 10 美元，他们成功地设计了一个淳朴随意又不失优雅的家具。

之前

花费
25美元

时长
3小时

难度
★★ ☆ ☆

之后

之前

　　搜寻废物是热衷于修整家具的艺术家们最爱的
消遣。设计师杰森和玛蒂娜·阿尔布兰德（Jason and
Martina Ahlbrandt）在当地垃圾场发现了这些黑色办
公椅，决定把它们带回家做一个小小的翻新。杰森原
本想把它们当作露台座椅，但是玛蒂娜的主意更好：
把它们拼成一个长椅。去掉坐垫和靠背后，两人把框
架喷涂成银色，用五块 1×4 的木板连接这两把椅子，
最终为他们在纳什维尔的后院打造了一把崭新的 5 英
尺长的长椅。

埃里克的
宜家床头柜

花费
85美元

时长
9小时

难度
★ ★ ☆ ☆

之后

提到翻新家具时，很少有商店能像宜家一样提供这么多可能性。宜家里摆满了平价的基本式家具，只待我们为它们赋予个性。纽约市的 DMD Insight 品牌广告公司的合伙人埃里克·腾（Eric Teng）是我最欣赏的"宜家狂"之一。埃里克花了不到40美元从宜家买了一个梳妆柜，决定用深浅对比色赋予它豪华的外观。打磨好梳妆柜后，埃里克为主体刷上 MinWax 牌的黑胡桃色着色剂（Dark Walnut）。干燥后，又把抽屉刷成白色，装上来自家得宝商店的配件。他认为最终的效果非常"奢华、别致而且非同寻常"，我们也非常同意。

之前

巧手装扮我家

基莉的箱桌

花费
42美元

时长
1.5小时

难度
★ ★ ☆ ☆

之后

之前

行李箱改造项目经常出现在 Design * Sponge 的面目一新专栏。从门廊小桌、床头柜到悬挂的置物箱，我们见证了各式各样的改造方案。艺术家基莉·杜罗切（Keeley Durocher）决定把她最爱的一个行李箱改装成一张桌子，纪念这件本应环游世界的物件成为家中的一部分。基莉把 Waddell 公司的锥形桌脚固定到行李箱的底部，构成一个稳固的结构。连接好两部分后，全部喷上黑色亮光喷漆，增强整体感。现在这个别致的小桌放在渥太华的家里，安置在一面镜子下，用来摆放家居配饰和旅行纪念品。

花费
5美元

时长
大约2小时

难度
★★☆☆

之后

平面设计师克里斯蒂·基尔格（Christy Kilgore）很有挑选颜色的眼光，喜欢运用对比色来获得最强的视觉效果。当她在伊利诺斯州查尔斯顿的路边发现了一个金属盒和桌子底座时，她立刻决定把它们带回家加以改造。她用户外喷漆将它们涂成不同的颜色（Krylon牌的南瓜黄色和碧海微风色），把它们组合成了一个边桌，为家里带来亮色，当然也增加了储藏空间。

之前

劳伦的
灰色梳妆柜

花费
114美元
（包括购置梳妆柜的费用）

时长
20小时

难度
★★☆☆

之后

之前

家具改造伙伴劳伦·齐默曼（Lauren Zimmerman）和尼克·谢玛斯卡（Nick Siemaska）都投身于波士顿创作领域，劳伦从事广告业，尼克则是音乐家。受到平时接触的艺术作品启发，他们决定在休息时间尝试家具改造。在这里，他们运用了不同深浅的灰色，让这个陈旧的梳妆柜重获新生。去掉柜子表面的一层清漆后，两人把原来配件留下的小孔填满并抛光。再把外框刷成蓝灰色（Glidden 牌的木烟灰色），将边缘和抽屉用淡灰色（Glidden 牌的亚麻原色）装饰。涂漆干燥后，两人在抽屉上钻出新孔，装上在当地旧货商店发现的橙色拉手。

布莱特的
新公寓

花费
300美元

时长
几个周末的下午

难度
★★☆☆

之后

之前

设计师兼装饰艺术家布莱特·麦克玛（Brett
McCormack）知道只靠一罐涂漆能获得什么效果。
在装饰纽约市的战前建造的公寓时，他决定用涂漆
创造理想中的宁静、精致的感觉。他运用几种涂漆
成功地在桌子上模拟了大理石桌面，用极低的投入
打造了高端的外观。接着他用了黑色和棕色喷漆，
为一对仅值1美元的台灯打造出氧化铁的效果。"我
喜欢它们的沉重感，希望能凸显它们独特的轮廓。"
他还把地板刷成淡灰色（本杰明摩尔牌的伦敦雾色，
London Fog），让家具仿佛"飘浮于云端"。

花费
**包括在家居装修的
20000美元里**

时长
3个月

难度
★★★☆

之后

之前

克里斯蒂娜·扎莫拉（Christina Zamora），工业设计师兼 Heath Ceramics 公司的设计工艺经理。她最近部分翻新了加利福尼亚州奥克兰的家。为了打造极简主义的功能性厨房，她和建筑工乔恩·诺顿（Jon Norton）一起合作，从以氧化物丝印上图案的窑炉式木板组成的厨房餐桌到增加存储空间的台面、后挡板，他们共同设计翻新了厨房的每个细节。现在这个空间变得非常适合全家人起居，又完美地融入了他们现代时尚的家。

杰西卡的壁炉

花费
50~75美元
（用来切割金属）

时长
1.5小时

难度
★★★☆

之后

对杰西卡·林奇（Jessica Lynch）来说，每天的散步时间也能成为DIY灵感涌现的时刻。在位于华盛顿戈梅斯岛的家附近看到这一大块旧金属片时，她决定用它制作自家火炉的外框。经过强力清洗后，她请人将它切割到适合大小。"我非常喜欢这块废金属上的铆钉、凹痕以及逐渐剥落的涂漆，就算是这栋房子还没建成我也知道它一定会成为屋子的一部分。"

之前

花费
1000美元
（包括梳妆柜和材料）

时长
40小时

难度
★ ★ ★ ☆

之后

之前

　　以波士顿的牙买加平原地区为基地的家居改造团队 Chroma Lab——艾莉西亚·康维尔（Alicia Cornwell）和托尼·贝维拉克（Tony Bevilacqua）构思了一个海洋主题，让这个上世纪 40 年代的梳妆柜变得"整装待航"。为了将抽屉拉手的两个小孔改造成一个，他们用塑化木填满其中一个并打磨抛光。他们搭配了本杰明摩尔和 Mixol Universal Tint 涂漆的七种蓝色，为它刷上波浪花纹，将这个柜子变成他们最知名的项目之一。

花费
360美元

时长
5天

难度
★★★☆

之后

斯科特·哥登伯格（Scott Goldberg）的椅子改造项目原本只是个简单的翻新计划，可是后来变得越来越复杂。"我拔掉了所有锈掉的钉子，修复了木质部分并加以重漆，在自己的布料上丝印图案，最后拿下所有坏掉的部件，换上了更持久的部件。"在位于加利福尼亚州卫尼斯的家中，他根据当地设计师罗伯特·考夫曼（Robert Kaufman）和维多利亚·吴（Victoria Vu）的作品设计了布料图案。用 Elmer 牌木胶、低密度泡沫和不锈钢零件完成了这件作品。这就是彻彻底底改头换面的经典范例！

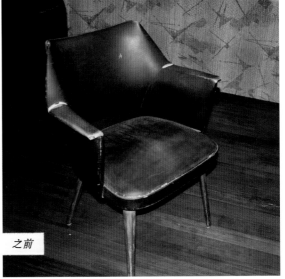

之前

花费
50美元

时长
20小时

难度
★ ★ ★ ☆

之后

之前

来自位于威斯康辛州麦迪逊的 Kara Ginther Leather
工作室的设计师卡拉·金瑟（Kara Ginther）的这只行
李箱是别人所赠。她对它一见钟情。知道自己运用皮
革工具的本领，她决定为这只行李箱丰富的历史雕刻，
绘制上自己的故事。受 19 世纪的帽匣启发，卡拉直接
在皮革上设计图案并加以雕刻，最后用乳胶漆绘制。

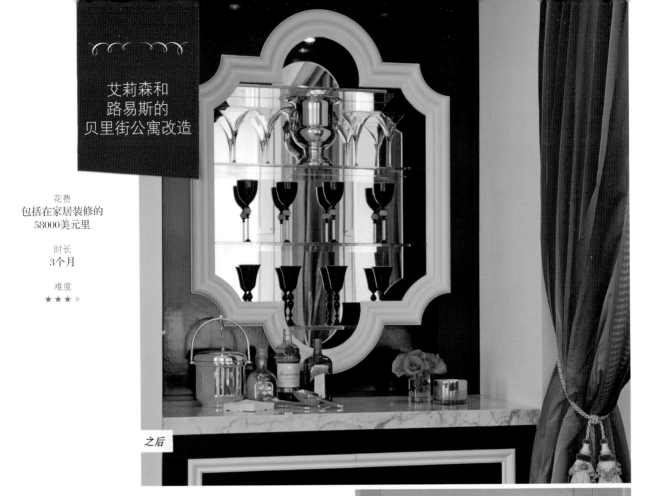

艾莉森和路易斯的贝里街公寓改造

花费
包括在家居装修的
58000美元里

时长
3个月

难度
★★★☆

之后

隶属于 Maison 24 公司的艾莉森·朱利尔斯（Allison Julius）和路易斯·马拉（Louis Marra）与 John Hummel and Associates 建筑公司合作，改造了一间位于曼哈顿西村的历史宅邸。这间采光充足的公寓曾为艺术家所有，现在将被改造成唐恩和约翰·赫梅尔（Dawn and John Hummel）夫妻两人的落脚处，他们主要生活在西海岸，希望能在频繁来往纽约时拥有自己的休憩处。艾莉森和路易斯的方案主要运用了两个元素：夫妻两人钟爱的多萝西·德雷帕（Dorothy Draper，美国知名室内设计师）的现代巴洛克风格和唐恩最爱的桃红色（这也是她的要求）。这个吧台区融入了德雷帕风格元素，比如桃红色帘子和黑白对比的装饰嵌板。

之前

巧手装扮我家

花费
包括在家居装修的
65000美元里

时长
4个月

难度
★★★☆

之后

之前

　　谈论到维多利亚风格的宅邸时，我们的读者基本分成"喜爱"、"痛恨"两个阵营。我个人倾向于"喜欢"，特别是在改造上世纪 70 年代的浴室时更加需要热情。来自伯克利的 Abueg Morris Architects 建筑公司的玛瑞特·阿伯格（Marites Abueg）和基斯·莫里斯（Keith Morris）决定接手这项本地工程，打造一间现代而经典的房间。他们选用了旧金山设计师托马斯·伍尔德（Thomas Wold）出品的柜子，用旧谷仓壁板制作新地板，而全新的浴缸淋浴组合为主人节省了很多空间。

妮里尔的厨房

花费
**用来购置新橱柜和
设备的36000美元，
再加13000美元**

时长
3个多月

难度
★ ★ ★ ☆

之后

Design * Sponge 上介绍的大部分家具翻新项目都希望保持较低的预算。但是当我偶然发现墨尔本艺术家妮里尔·沃克（Neryl Walker）和艺术总监蒂姆·海尼斯（Tim Haynes）的厨房改造成果后，我不能不与大家一起分享。妮里尔和蒂姆幸运地赢得了"澳大利亚最糟糕的厨房"比赛，还获得了超过36000美元的翻新橱柜和设备的资金！除了这些，他们还拨出了一些自己的存款和时间，运用自己的设计本领重修了天花板、地板、电路系统。装上最后一块平板后，两人高兴地看到这间上世纪70年代的厨房从曾经的狭小阴暗变得明亮、开放、通风。

之前

巧手装扮我家

花费
750美元

时长
1个周末

难度
★ ★ ★ ☆

之后

之前

　　家具整修对屋主总有特别的意义，但是在这个位于纽约州伍德斯托克的家中有特别深远的意义。使用在庭院贩售发现的吊椅木杆和其他材料，吉尼·格隆达（Gene Gironda）为他那时的女友琳达打造了一个漂亮的后院藤架。这不仅是一个浪漫的礼物，还成为了两人庭院婚礼的主要装饰。琳达说道："每当看到这个荫廊时，我就会想起那时的婚礼。我们喜欢在这里喝杯酒休息一下，顺便向经过的邻居打招呼。"

蒂凡妮的沙发

花费
220美元
（包括沙发和配件）

时长
10小时

难度
★★★☆

之后

　　重装饰面是最难的翻新项目之一，但是护理专业的学生蒂凡妮·米扫·尼尔森（Tiffany Misao Nelson）第一次制作饰面时就成功地为沙发打造了整套罩面。蒂凡妮最近上了一些缝纫课，她决定大胆尝试，将课上所学应用到客厅的沙发上。根据在线教程的说明，她在当地商店购买了漂亮的花纹布料，为沙发打造了整洁干净的新外观。这个住在德克萨斯州圣安东尼奥的学生对最终成果十分满意，她现在有信心面对家中所有的饰面翻新项目了。

之前

花费
包括在家居装修的
200000美元里

时长
整个工程用时1年

难度
★★★☆

之后

之前

　　尽管读者们很喜欢独立的翻新项目，但是很少有项目能与整个房屋的装修翻新效果相媲美。这栋位于俄勒冈州波特兰的上世纪70年代的海滨宅邸由Otto Baat设计团队的洛易斯·麦肯基（Lois MacKenzie）和帕梅拉·希尔（Pamela Hill）改造完成。"这栋房子拥有绝佳的建筑结构，很适合改造成开放空间，但是它的内部显得阴暗、孤立。我们打算创造一个亲切的现代氛围，同时赋予它俄勒冈海滩般的优美。"洛易斯和帕梅拉使用了灰色、黄色、白色和红色色调，将高端装饰（Tres Tintas公司的壁纸）和低端装饰（宜家家具）混搭起来，进行了从头到脚的全面改造。

花费
35美元

时长
2天

难度
★ ★ ★ ☆

之后

我经常遇到让我赞叹不已的家具翻新项目，而科罗拉多州艺术家欧尔嘉·凯达诺夫（Olga Kaydanov）的这个成果是自2008年将它发布到网站后这些年以来我的最爱之一。从祖母那儿继承了这个梳妆柜后，她决定用木销钉DIY一个旭日形装饰，为它赋予新貌。没错——她亲手摆放了每根木销钉并粘胶，在柜子侧面和抽屉上创造了旭日形状。把柜子全部刷成乌木色后，她把木销钉切成不同长度，用手固定每一根的位置，构成设计的图案。尽管这要花上很多时间，但最后成果十分振奋人心，而且这是独属于她的设计。

之前

花费
未知
（使用了新旧家具）

时长
**1年间进行了
数次改造**

难度
★ ★ ★ ☆

之后

之前

对平面设计师卡洛琳·波汉（Caroline Popham）来说，房屋翻新并不总意味着以旧换新。搬到伦敦后，她决定用一些旧家具和灯具打造一个清爽崭新的外观。

结束翻新屋顶、管道系统等主要工程后，卡洛琳重刷了所有墙面，从古董市场、五金店、旧货商店等处收集了各种风格的家具和摆饰，创造了一个既能反映房屋年代，又能体现个人风格的空间。

皮拉尔的绣花布椅

花费
全价3000美元
（到eBay网找找低价
的中亚绣花布）

时长
**翻新饰面
用时1周**

难度
★★★★

之后

现在中亚绣花布在家居装饰界非常流行，可惜价格让人望而却步。摄影师皮拉尔·瓦尔提耶拉（Pilar Valtierra）爱上了伦敦 Soho 酒店的一对拥有绣花饰面的翼状靠背椅，她想要以更低的预算打造相同效果。她在 Craiglist 分类信息网淘到一对翼状靠背椅，在洛杉矶四处搜寻到两块较便宜的中亚绣花布，然后请来一位当地饰面师阿梅斯·因格汉（Ames Ingham）帮忙打造她理想的座椅。通过使用二手椅子、混搭两块绣花布，皮拉尔以更低廉的费用得到了想要的效果。

之前

艾米的沙发

花费
1490美元

时长
1周

难度
★ ★ ★ ★

艾米对加装饰面的建议

收集杂志图片，用来描述
想要的外观。

决定布料摆放的方向，以
及滚边是和布料同色还是
成对比色。

如果想要拉扣效果，确定
纽扣的深度和拉扣风格。

当饰面师来收取家具时，
记得给饰面师看那些照片
并讨论所有细节要求。

之后

之前

Design * Sponge 编辑艾米·阿扎里多非常喜欢这个
沙发 2004 年刚搬到她家时的样子。但是自从她带回了
两只猫情况就不一样了，它们也爱上了这个沙发和它
的毛绒面料。事实上，它们还喜欢把它撕得粉碎。即
便这样，艾米还是很欣赏它的结构，想要将它改头换面。
她决定使用曼哈顿公司 Joe's 出品的天鹅绒，它的绒毛
短而密集，猫儿很难抓住再拔出。除了更换面料，她
还请布鲁克林当地的 DAS Upholstery 家居装饰公司把
扣饰效果做得明显一些。"我得到了完全量身定做的外
观和猫咪不感兴趣的平滑面料。"

花费
**包括在家居装修的
70000美元里**

时长
**3年DIY改造中
的一段时间**

难度
★★★★

之后

看到这样杂乱的空间时，需要丰富的想象力才能为家人构想出一个温暖的家。设计师德鲁·阿兰（Drew Allan）就做到了这点，为妻子莎拉和女儿朱妮亚把这个位于辛辛那提的荒废的修车店改装成多彩的家。翻新地板、墙面、屋顶等主要工程完成后，他使用了路边发现的家具以便维持预算，用大胆的色彩涂满整个空间，增添一抹暖意。他还用了Lowe连锁店的打折壁纸来突显墙壁上方外露的横梁。

之前

花费
未知
（全部工程的一部分）

时长
10个月

难度
★★★★

之后

之前

来自纽约比肯市 Niche Modern 灯具公司的玛丽·威尔士（Mary Welch）和杰瑞米·皮勒斯（Jeremy Pyles）在看到这个 19 世纪早期的工厂时就知道这是他们命中注定的家了。没有被满是灰土的地面和钉着木条的窗户吓到，两人仍然觉得"即使是在最差的状况下，大部分空间仍富有生命力"，尽管一开始有些力不从心，但是最终的成果让他们毫无遗憾——为他们成长变化的家庭打造了一个时尚现代的住宅。他们进行了从头到脚的全面翻新：头顶的新天花板和灯具来自两人的公司 Niche Modern，还打造了脚下的崭新地板和主卧室所在的二楼。这对设计师组合成功地创造了一个反映两人个人风格的空间。

古玩和跳骚市场

Alameda Flea Market
加利福尼亚州，阿拉梅达（每个月的第一个周日）
www.antiquebybay.com
阿拉梅达跳骚市场在旧金山湾区的当地人、设计师和我们"汲取设计"的编辑中非常知名。你将会发现迷人的古董家具，记得早点到!

The Antiques Garage/West 25th Street Market/Hell's Kitchen Flea Market
纽约州，纽约（每周六和周日）
www.hellkitchenfleamarket.com
除了家具和中古衣物，你还会发现很多意想不到的物件，比如小相框、旧酒店钥匙和中古运动器材。

Bell'occhio 网
www.bellocchio.com
我们喜欢它的小玩意和装饰性布条。

Brimfield Antique Show
马萨诸塞州，布里姆菲尔德
（5月、7月、9月，日期不定）
www.brimfield.com
"汲取设计"团队总是尽可能参加布里姆菲尔德古玩展，它是我们最爱的购买古玩、中古家具的场所。

Craigslist 分类信息网
www.craigslist.org
Craigslist 分类信息网的实用性根据你所在地点不同而调整，不过如果你很有眼光，就可以找到很多很棒的中古家具和灯具。

eBay 网
www.ebay.com
从餐具、衣物到家具、珠宝，eBay 网应有尽有。记得为经常查找的东西创建一个关注单。

Ethan Ollie
www.etsy.com
提供价格合理的优美的中古物品。主打艺术品、玻璃器具、容器、台灯和其他小饰物。

Factory 20 商店
www.factory20.com
Factory 20 位于弗吉尼亚州斯特林，但是他们的网站提供了很多精挑细选的中古家具、古典装饰。

1stdibs 网
www.1stdibs.com
集中了全世界最好的古董商的一个在线市集。价格可能有些高，但是对得起质量。

Fyndes 网
www.fyndes.com
Fyndes 是一个在线展馆和商店，综合了全球艺术家的古典、当代设计。

Goodwill 商店
www.goodwill.org
正如救世军组织，Goodwill 商店是搜寻廉价中古物品的好去处。质量取决于你所在的地方，不过它们是翻新家具和装饰项目的好起点。

Hindsvik
www.etsy.com
来自加拿大夫妻丹尼尔和维拉利亚的中古收藏。从板条箱、家具到书籍、印刷艺术品，他们提供工业风、田园风的优美中古物件。

The J. Peterman 公司
www.jpeterman.com
想起 J. Peterman 时，你可能会想起《宋飞正传》（Seinfeld）里那个滑稽的角色，但是这个网站里拥有惊人的古玩和藏品收藏。

Old Goode Things 商店
www.ogtstore.com
Old Goode Things 专卖独特的中古、古典物品。除了家具，还提供灯具与门把和拉手等中古零件。

Ruby Lane 网
www.rubylane.com
一个极佳的收集古玩藏品的在线市集。

Salvation Army
www.salvationarmyusa.org
救世军商店的收藏质量取决于你所在的当地商店，不过它们仍是寻找廉价中古家具和配饰的好地方。

Scott Antique Market
www.scottantiquemarket.com
这个亚特兰大的斯科特古玩市集因大量古玩和中古藏品而著名。除了每月在亚特兰大的展会，春天、秋天他们还会在俄亥俄州哥伦布举办集会。上他们的网站查看完整的时间表。

Surfing Cowboys 商店
www.surfingcowboys.com
这家加利福尼亚州南部的商店收集了上世纪中叶的家具，向全国提供运货服务。

寝具和浴具

Amenity 公司

www.amenityhome.com

寝具的自然元素散发出加利福尼亚特有的冷静。

Area 公司

www.areahome.com

兼具阳刚和柔和的现代寝具。

Brook Farm General 商店

www.brookfarmgeneralstore.com

他们出售简洁、清爽、富有农场风格的寝具。

Cabbages & Roses 公司

www.cabbagesandroses.com

它的寝具和面料拥有雅致的田园风格。如果你喜欢柔美的鲜花图案，那么这将是你的不二之选。

The Company 商店

www.thecompanystore.com

出售价格合理、高质量的寝具和毛巾，提供不同风格的选择。

Dwell Studio 品牌

www.dwellstudio.com

提供适合成人和孩子的有趣花纹。我们十分喜欢它经典的德雷帕式条纹。

Finn Style 网

www.finnstyle.com

一家提供芬兰家庭装饰的在线网站。

Garnet Hill 品牌

www.garnethill.com

这里是床单爱好者的天堂。他们还供应长毛绒毛巾和其他家居用品。

Inmod 品牌

www.inmod.com

这家现代的在线精品店拥有大量寝具，甚至还可以为你量身定做枕头和羽绒被。他们还提供广泛的灯具和家具选择。

John Robshaw 品牌

www.johnrobshaw.com

提供木板翻印的印第安风格织物，包括亚麻寝具、被罩、床单、抱枕。

L.L.Bean 品牌

www.llbean.com

挑选经典法兰绒和条纹棉麻寝具的好去处。

Lulu DK for Matouk 品牌

www.luludkmatouk.com

如果你希望布置一张现代、成熟的床，它的多彩精致的寝具很适合你。

Macy's 商店

www.macys.com

不要忽略这家百货商店，它也出售床上用品和毛巾。寻找 Calvin Klein 牌和 Donna Karan 牌的寝具和浴巾。

Matteo 品牌

加利福尼亚州，洛杉矶

www.matteohome.com

柔软、淡色的亚麻可以作为富有质感的床罩、床单。

Olatz 品牌

纽约州，纽约

www.olatz.com

奥拉兹·舒纳贝尔（Olatz Schnabel）打造了一系列极具奢华的经典欧式亚麻织物，而她的丈夫——艺术家朱利安·舒纳贝尔（Julian Schnabel）设计了这家店。我们十分欣赏她的巴勒莫风格的彩色宽边。

Twinkle Living 品牌

www.twinkleliving.com

拥有大量有趣的几何图形和鲜花图案的寝具。

手工艺和 DIY 用品

Ace Hardware 商店

www.acehardware.com

寻找建筑材料和手工艺用品，比如模板、金属喷漆。

Cute Tape 网

www.cutetape.com

拥有大量日式和纸胶带和其他装饰胶带，适合手工艺制作和包裹装饰。

Dick Blick 公司

www.dickblick.com

从纸制品、自制相簿材料到美术用品，Dick Blick 一应俱全。

Filz Felt 公司

www.filzfelt.com

出售高端的 100% 羊毛毡，提供广泛的颜色选择，可按码数买，也可整张买。

Impress 商店

华盛顿州的各处

www.impressrubberstamps.com

定制橡皮章，也提供印章成品。

Kate's Paperie 商店

纽约州纽约和康涅狄格州格林尼治的各处

www.katespaperie.com

提供迷人的纸品、钢笔、铅笔。

Letterbox 公司

www.letterboxcostore.bigcartel.com

这家店拥有大量手工艺用品和小饰品，从绳线到中古剪刀、琥珀色玻璃瓶应有尽有。

Martha Stewart Craft Supplies

www.eksuccessbrands.com/marthastewartcrafts

玛莎是手工艺界的女王，她的装饰纸、打孔用具是我们 DIY 团队的最爱。

Metalliferous 商店

www.metalliferous.com

如果你正在制作首饰或其他需要金属材料的手工艺品，这将成为你最爱的网站。这里提供银原料、基本金属，同时也有金属珠等中古金属饰物。

手工艺和 DIY 用品 *(续)*

Michael's 商店
www.michaels.com
这里是手工艺者的天堂，从缎带、胶棒到框架、自制相薄一应俱全。

M&J Trimming 商店
纽约州，纽约
www.mjtrim.com
如果说我可以在一家店里度过余生，那肯定是 M&J Trimming。他们拥有所有你可以想象的缎带、花边、珠子和水晶。

Paper Source 网
www.paper-source.com
Paper Source 是一站式购买装饰纸、手工用具、橡皮章的好去处。

Pearl Paint 商店
纽约、新泽西、弗罗里达、加利福尼亚的各处
www.pearlpaint.com
从颜料、画笔到画布、胶带、黏土，这家店提供各式艺术用品，广受艺术家欢迎。

Ponoko 网
www.ponoko.com
与其说供应，不如说 Ponoko 能将你的手工、设计梦想变成现实。你可以上传自己的计划，选择二维或三维服务，比如激光切割和电子技术，最后完成构想。Ponoko 会制成部件并运送给你组装。Ponoko 还有一家在线商店，你可以在上面买卖 Ponoko 网站制作的物件。

Rockler Woodworking & Hardware 商店
www.rockler.com
不论是大型还是小型木制项目，这家商店都能满足你的需要，它同时也是寻找橱柜配件和木制把手的好地方。

Talas 公司
www.talasonline.com
Talas 提供了制作书本的各式材料。

Tinsel Trading 商店
www.tinseltrading.com
与 M&J Trimming 商店一样，Tinsel Trading 是 DIY 和手工艺狂热者的圣地。他们的货品种类令人称羡，从闪粉、缎带到流苏、珠子、金属扣应有尽有。他们的布面也很不错。

布料

大多数高端面料只面向专业人士，比如装潢师、建筑师、设计师，但是下面这些商店直接向我们普通人供货，不对"非设计界"人群涨价。

B&J 公司
www.bandjfabrics.com
B&J 拥有非常少见的 Liberty of London 系列，还供应蕾丝、锦缎、人造皮草。

Henry Road 公司
加利福尼亚州影视城
www.henryroad.com
设计师保拉·斯迈尔（Paula Smail）出品的彩色面料（包括金色鲜花布料）非常适合做饰面和家庭装饰。

Kathryn M.Ireland 公司
加利福尼亚州，西好莱坞
www.kathrynireland.com
这家以洛杉矶为中心的室内和织物设计公司出产美丽的面料图案，包括一些摩洛哥风和非洲风织物。

Kiitos Marimekko 公司
纽约州，纽约
www.kiitosmarimekko.com
经典的芬兰设计品牌 Kiitos Marimekko 出品的面料十分迷人，很少有公司能与之相提并论。这家是这个品牌在纽约的概念商店，按码数供应他们的设计产品。

Lewis & Sheron Textile 公司
http://lsfabrics.com
以亚特兰大为中心，Lewis & Sheron 在线提供大量面料选择，包括多彩的扎染织物。

Lotta Jansdotter 公司
www.jansdotter.com
Lotta 的甜美花纹非常适合衣物和家庭装饰。

Mod Green Pod 公司
www.modgreenpod.com
提供色彩缤纷的有机棉布和相衬的壁纸。

Mood Fabrics 公司
加利福尼亚州洛杉矶和纽约
www.moodfabrics.com
很多人知道 Mood 是因为它是《天桥骄子》中的面料提供商，不过它们也很适合我们这些非专业人士。Mood 拥有各式面料，适合制作衣物、手工艺品和饰面。

Purl Soho 品牌
纽约州，纽约
www.purlsoho.com
除了当代设计师艾米·巴特勒和乔艾尔·杜博利（Joel Dewberry）的面料系列，Purl 还提供各式工艺用品、刺绣用具和编织工具。

Rubie Green 品牌
www.rubiegreen.com
米歇尔·亚当斯的品牌提供时尚、多彩的有机棉布。

SoSo Vintage
www.etsy.com
精选趣味盎然的中古布料，适合制作小物品。

Spoonflower 公司
www.spoonflower.com
Spoonflower 可以为你定制面料，将项目或生意所需面料运送给你。对一个正在寻找独特面料的独立设计师和普通买家来说，这是一处完美的布料来源。

Studio Bon 品牌
www.studiobon.net
这些来自设计师波尼·夏普的面料既妙趣横生又精致成熟。看看它出品的拥有棕色和黑色图案的米白色亚麻布。

Textile Arts 公司
www.txtlart.com
提供斯堪的纳维亚设计品牌 Marimekko 和 Jungsbergs 的面料。Marimekko 的油布面料是防潮的。

家具和其他

〰️

Anthropologie 品牌
www.anthropologie.com

从餐具、地毯到灯具、壁纸，这里精挑细选了所有家具。不要错过了：它提供大量不同风格的装饰性五金零件，还有壁纸——甚至还有即剥即贴式的！

Ballard Designs 公司
弗罗里达州、佐治亚州、俄亥俄州各地
www.ballarddesigns.com

这家知名家居装修公司非常适合基础装潢，比如矮脚软垫椅、饰面床头板；也提供小装饰，比如镜子、置物工具。

Branch Home 公司
www.branchhome.com

从寝具、茶巾到玩具、餐具，这家在线商店提供广泛的环保设计选择。

CB2 品牌
www.cb2.com

这个品牌就像是更酷的 Crate and Barrel。灯具和桌面装饰都非常不错。

Chairloom 网
www.chairloom.com

设计师莫莉·沃斯（Molly Worth）为旧椅子加装了现代、明快的饰面，让它们重获新生。

Design Public 公司
www.designpublic.com

从餐具到儿童用品等所有设计都从设计师处直接运到你家。

Etsy 网
www.etsy.com

这个慢慢成熟的设计师和手艺者的在线市集已经变得规模惊人了。我们热衷于在这里搜寻中古餐巾、餐盘和餐具。要寻找布料，可以试试这些商家：Skinny Laminx（skinnylaminx.etsy.com），WonderFluff（WonderFluffShop.etsy.com）和 Swanky Swell（swankyswell.etsy.com）。

Ikea
www.ikea.com

我们"汲取设计"团队可以称得上是宜家通，我们经常去搜寻便宜得离谱的桌椅，它们都非常容易用涂漆和装饰细节改造。宜家还提供以码数计算的布料，非常实惠，其中一些可以在网站上找到。

Jayson Home and Garden 商店
伊利诺斯州，芝加哥
www.jaysonhomeandgarden.com

这家芝加哥商店是一个非常好的来源，从家具到各式餐具应有尽有。我们非常喜欢网站的二手板块，总是上去定期查看寻找中古物件，比如古典枝形吊灯。

Moon River Chattel 商店
纽约市，布鲁克林
www.moonriverchattel.com

这家古董兼家居商店既贩售建筑旧材，也出售全新的实用物品。我们非常欣赏它的玻璃器皿和餐具，它们既结合了经典设计，又散发着旧时魅力。

2Modern 公司
www.2modern.com

提供优质的当代家具、灯具和摆饰。

Urban Archeology 公司
波士顿、纽约、芝加哥各地
www.urbanarchaeology.com

出售古典浴缸和极佳的五金零件。我们喜欢它的金属把手。

Urban Outfitters 公司
www.urbanoutfitters.com

提供优美的家具和家居装饰，而且价格极低。尽管不够豪华，但他们拥有有趣的图案和颜色。

Velocity Art and Design 公司
华盛顿，西雅图
www.velocityartanddesign.com

提供时尚的家居装饰。但他们非常支持当地和独立设计师。

Viva Terra 公司
www.vivaterra.com

出售环保家居装饰，包括回收枕木制成的家具。

West Elm 公司
www.westelm.com

不断更新经济实惠的、紧跟潮流的家居装饰。绝佳的选择：灯具、寝具、地毯和帕森风格的桌子和书柜。

Wisteria 网
www.wisteria.com

这个平台出售新旧家具和家居装饰。

五金器具

Bauerware 商店
加利福尼亚州，旧金山
www.bauerware.com
出售别致的门把手和抽屉拉手。

ER Butler 公司
www.erbutler.com
ER Butler 为门窗和家具提供高品质的定制零件。他们专营美国早期、殖民时期和乔治亚时代风格的产品。

Eugenia's 商店
www.eugeniaantiquehardware.com
Eugenia's 出售经典式样的五金器具，非常适合为古旧的房屋恢复旧时原貌。

House of Antique Hardware 商店
www.houseofantiquehardware.com
如果你想要寻找具有古典韵味的零件，他们提供了广泛的选择。

MyKnobs.com
www.myknobs.com
这个网站提供大量把手、拉手、大门零件和其他类似五金器具。我喜欢他们的细枝形和分叉形拉手。

The Hook Lady 网
www.hooklady.com
拥有惊人的挂钩收藏，包括各式古典和中古风格的挂钩。我们很欣赏他们的别致挂钩，比如蝙蝠形、小手状、小猪形和人鱼形挂钩。

灯具

Barn Light Electric 商店
www.barnlightelectric.com
如果你喜欢中古谷仓灯具，你一定会喜欢上他们的金属和搪瓷灯具。这里有非常不错的吊式罩灯。

Lumens 公司
www.lumens.com
不论你是在寻找现代风格和传统风格，想要室内还是室外灯具，这家网络零售商都能提供符合你的要求和预算的灯具。

Niche Modern 商店
www.nichemodern.com
他们为现代的玻璃圆罩搭配了怀旧的爱迪生灯泡，让灯具拥有独特的外观。

1000 Bulbs 商店
www.1000bulbs.com
如果你正在找灯泡，这家店就是你需要的。从日光灯、卤素灯到金属卤素灯、彩虹灯带，1000 Bulbs 一应俱全。

Rejuvenation 公司
俄勒冈州波特兰和华盛顿西雅图
www.rejuvenation.com
提供中古风灯具，以及灯罩、配件和其他灯具部分。

Schoolhouse Electric 公司
纽约州，纽约和俄勒冈州，波特兰
www.schoolhouseelectric.com
拥有大量各年代的灯具和玻璃灯罩，还提供其他设计师出品的复古和现代式样。

Sundial Wire 公司
www.sundialwire.com
Sundial 供应优良的灯具配件，包括高品质的包布绝缘线。

The Future Perfect 公司
www.thefutureperfect.com
如果你正在寻找富有个性的灯具，那么戴夫·奥哈德夫的这家公司是你的最佳选择。他们的设计并不便宜，但是绝对能为你的房间带来鲜明个性。

Y lighting 公司
www.ylighting.com
这家在线零售商拥有令人称羡的灯具收藏，包括专门用在天花板、桌面、地板和小路等各种场所的不同灯具。

涂漆

Behr 公司

www.behr.com

贝尔公司的明亮色调非常适合阳光房、儿童房或其他需要明快色彩的房间。

Benjamin Moore 公司

www.benjanminmoore.com

在进行大多数项目时，我都选用了本杰明摩尔涂漆。他们拥有各式灰色涂漆。

California Paints 公司

www.californiapaints.com

提供拥有零挥发性物的环保涂漆，还提供美国各时代的代表色。

Farrow & Ball 公司

www.farrow-ball.com

它是涂漆中的劳斯莱斯。我会盲目地相信他们出品的任何一种颜色。他们的涂漆能完美干燥，拥有独特的颜色，其中有很多是根据历史名宅设计的。

Hudson Paint 公司

www.hudsonpaint.com

最好的黑板漆之一，提供许多与众不同的颜色，比如莫肯戴尔红（Mercantile Red）。

Martha Stewart Living Paint 涂漆

在全国的家得宝连锁店有售

www.homedepot.com

正如时尚标志人物 Martha Stewart 本人一样，她出品的涂漆色彩经典，却又十分清新。

Montana Spray Paint 喷漆

www.montana-spraypaint.com

提供最广泛的喷漆选择。是所有进行家具改造的艺术家的不二之选。

地毯和地板装饰

Angela Adams 公司

缅因州，波特兰

www.angelaadams.com

Angela 出品的自然主题的地毯就像是地板上的艺术品。

Bev Hisey 公司

www.bevhisey.com

贝弗·海瑟的地毯拥有大量明快色彩和图案。非常值得购买。

Blue Pool Road 公司

www.bluepoolroad.com

佩吉·王（Peggy Wong）设计的现代地毯既适合成人房间，又适合儿童房间。

Dash and Albert 公司

www.dashandalbert.com

他们的轻质棉地毯很适合夏天。

FLOR 公司

www.flor.com

提供各种色彩、图案的小块地毯，你可以将它们混搭成一块现代的自制地毯。

Gan Rugs 公司

www.gan-rugs.com

这家西班牙设计公司出售奢华迷人的高品质手工地毯。他们的网站提供了当地零售商的链接。

Jonathan Adler 公司

www.jonathanadler.com

乔纳森·阿德勒公司出品明快时尚的地毯，为房间带来生机。找找它的希腊回纹和帕特·尼克松（Pat Nixon）图案，这两者都非常适合传统和现代装饰风格。

Judy Ross 公司

www.judyrosstextiles.com

我们的最爱：新西兰羊毛材质的手工刺绣桌旗。

Kea 公司

www.keacarpetsandkilims.com

他们提供的基里姆地毯是我们的最爱。他们拥有惊人的碎布地毯收藏。

Madeline Weinrib Atelier 公司

纽约州，纽约

www.madelineweinrib.com

纽约的 ABC Carpet & Home 商店中的专区里摆满了他们的花纹地毯，每块都是织物中的佳品。它的中亚绣花布非常值得购买，另外它出品的简洁的平织锯齿地毯也十分经典。

餐具

Fishs Eddy 公司
纽约州，纽约
www.fishseddy.com
提供酒店、航空银器和餐具，还有有趣的复古式餐具。

Global Table 公司
纽约州，纽约
www.globaltable.com
来自世界各地的各式餐具，包括日式陶瓷茶具、荷兰玻璃器皿、印度式圆碗。

Heath Ceramics 公司
加利福尼亚州的洛杉矶、旧金山、索萨利托各地
www.heathceramics.com
我们非常欣赏这家位于索萨利托的公司的朴实的手工餐具。它们十分坚固、简单，可以融入任何风格，而且绝不会过时。他们还生产优美的釉质瓷砖，包括拥有凸花图案的 Dimensional 系列。他们的 Overstock and Seconds 部门提供优惠折扣。

Moon River Chattel 公司
（见第 375 页的家具和其他）

Mud Australia 公司
www.mudaustralia.com
美食摄影师和设计师都很喜欢这家公司出品的精美餐具。我们在拍摄"汲取设计"的美食照片时也经常使用它们。这些陶器的优雅颜色能为餐桌营造浪漫的氛围。

Pearl River Mart 商场
纽约州，纽约
www.pearlriver.com
这家纽约的商场提供实惠的碗筷、餐具、玩具和其他来自中国的商品。不错的选择：各式颜色和大小的米纸灯笼将简单的灯泡变成了设计品。

Plum Party 公司
www.plumparty.com
从万圣节到机器人主题，提供按主题分类的实惠的聚会用品。

Table Art 商店
加利福尼亚州，洛杉矶
在这里能找到优雅的现代餐具，非常适合作为婚礼和特殊场合的礼物。

瓷砖

Ann Sacks 公司
www.annsacks.com
他们的六角形瓷砖非常经典。Anglea Adams 的也很不错。

Fireclay Tile 公司
www.fireclaytile.com
这家公司出品 100% 再利用和手工制作的玻璃、陶瓷瓷砖，提供广泛的优美设计和色彩选择。

Habitus Architectural Finishes 公司
纽约州，纽约
www.habitusnyc.com
软木制马赛克砖（用软木塞工厂的边料制成），有软木的自然色，也有很多其他的颜色可供选择。

Heath Ceramics 公司
（见餐具）

Modwalls 公司
www.modwalls.com
他们出品绝佳的交错式瓷砖和其他现代瓷砖设计。还提供各式环保瓷砖。

壁纸

Allan the Gallant 公司

www.patterntales.com

他们的手绘壁纸让人想起素描本上的涂鸦，非常独特。

Ferm Living 公司

www.fermlivingshop.us

醒目的几何图案色彩鲜亮。

Fine Little Day 品牌

www.finelittleday.com

艺术家伊丽莎白·登克的非传统式的手绘壁纸可以完美代替花纹纸，包括两种式样："俄和伊"和"山峰"，都是她和年幼的儿子奥托共同设计的。

Flavor Paper 公司

纽约市，布鲁克林

www.flavorleague.com

如果你喜欢 Mylar 公司出品的上世纪 70 年代风格的闪亮壁纸，Flavor Paper 是你的不二之选。他们的电子色彩和活泼的图案既适合夜总会，也能装点一间时尚的都市公寓。

Graham and Brown 公司

www.grahanbrown.com

收集大量设计师作品，包括顶尖设计师艾米·巴特勒和马希尔·万德思（Marcel Wanders）的作品。

Grow House Grow 公司

www.growhousegrow.com

布鲁克林设计师凯蒂·迪蒂（Katie Deedy）以自然、海洋生物、女性科学家为灵感，设计了一系列美妙的壁纸。

Hygge & West 公司

www.hyggeandwestshop.com

提供茱莉亚·罗斯曼（她为这本书绘制了插图！）、乔伊·周（Joy Cho）、艾米丽·玛丽·柯克思（Emily Marie Cox）等独立设计师出品的壁纸。

Jocelyn Warner 公司

www.jocelynwarner.com

Jocelyn Warner 的金属色壁纸深深吸引着我，它们既柔美又精致。

Madison and Grow 公司

www.madisonandgrow.com

多彩的优雅图案为无趣的墙面带来点缀。

Makelike 公司

shop.makelike.com

这些俄勒冈州波特兰的设计师为壁纸添加了有趣的仙人掌元素。

Miss Print 工作室

www.missprint.co.uk

一家伦敦的设计工作室，出品迷人的复古壁纸系列。他们提供运送到美国的服务。

Mod Green Pod 公司

（见第 374 页的布料）

Nama Rococo 公司

www.namarococo.com

设计师凯伦·康布斯（Karen Combs）的手绘壁纸非常值得购买。

Secondhand Rose 商店

纽约州，纽约

www.secondhandrose.com

这家纽约的商店出售不同风格的中古壁纸。

Turner Pocock 公司

www.turnerpocockcazalet.co.uk

他们的壁纸拥有网球、斑马、板球等有趣图案。

Walnut Wallpaper 公司

加利福尼亚州，洛杉矶

www.walnutwallpaper.com

提供大胆、明快、有趣的设计，其中一些颇为怀旧，另一些则富有现代精神。

住宅、项目贡献者

玛瑞特·阿伯格和基斯·莫里斯
加利福尼亚州，伯克利
www.abmoarchitects.com

米歇尔·亚当斯
纽约州，纽约
www.rubiegreen.com
www.lonnymag.com

阿比盖尔·艾赫恩
英国，伦敦
www.atelierabigailahern.com

玛蒂娜和杰森·阿尔布兰德
田纳西州，纳什维尔
www.lightanddesign.com

戴夫·奥哈德夫
纽约市，布鲁克林
www.thefutureperfect.com

德鲁·阿兰
俄亥俄州，辛辛那提
www.drewings.com

埃里克·安德森
印第安纳州，印第安纳波利斯
www.gerardotandco.com

杰西卡·安特拉
纽约市，布鲁克林
www.antolaphoto.com

希瑟和乔恩·阿姆斯特朗
犹他州，盐湖城
www.dooce.com

格雷汉姆·阿金斯－休斯
英国，伦敦
www.grahamatkinshughes.com

艾米·阿扎里多
纽约市，布鲁克林
www.amyazzarito.com

约翰·贝克和茱莉·道斯特
加拿大，安大略省，乔治亚湾
www.mjolk.ca

詹妮弗·巴拉特
印第安纳州，印第安纳波利斯
www.barrattdesign.com

皮拉尔·瓦尔提耶拉和卡罗·伯纳德
（Carlo Bernald）
加利福尼亚州，洛杉矶
www.pilarvaltierra.com

托尼·贝维拉克和艾莉西亚·康维尔
马萨诸塞州，波士顿
www.chromalab.net

莫妮卡·别格列·艾亚
英国，伦敦

巴布·布莱尔
南卡罗来纳州，格林维尔
www.knackstudios.com

凯特·伯里克
纽约市，布鲁克林

格蕾斯·邦妮和艾伦·科勒斯（Aaron Coles）
纽约市，布鲁克林
www.designspongeonline.com

金伯利·布兰特
俄勒冈州，波特兰
www.billededesign.blogspot.com

约翰·乔丹尼和科恩·布拉顿
（Conn Brattain）
夏威夷，毛伊岛
www.cuckooforcoconuts.com

苏珊和威廉·布林森
纽约州，纽约
www.studiobrinson.com

阿曼达·布朗和丽兹·乔伊斯
德克萨斯州，奥斯汀
www.spruceaustin.com

凯伦·布朗
马萨诸塞州，莫尔登

林赛·卡雷奥和菲茨休·卡罗尔
纽约市，布鲁克林
www.brooklynhomecompany.com

阿什莉·坎贝尔
俄克拉荷马州，布罗肯阿罗
www.ashleyannphotography.com

艾琳·卡尔森和保罗·克兰西
马萨诸塞州，韦斯特波特
www.alyncarlson.com
www.paulclancyphotography.com

马特·卡尔
安大略省，多伦多

艾玛·卡西
英国，伦敦
www.emmacassi.com

克里斯汀·基尼斯
罗德岛，普罗维登斯
www.christinechitnis.com

马特和贝斯·柯勒曼
宾夕法尼亚州，兰开斯特
www.bethplusmatt.com

夏农·克劳福德
犹他州，盐湖城
www.saltlakedesignergal.blogspot.com

凯西·戴乌
英国，伦敦
www.kathydalwood.com

吉姆·德斯科维奇和科比特·马歇尔
纽约州，卡茨基尔
www.variegated.com

安·迪梅尔
法国，巴黎
www.pretavoyager.com

德里克·德拉伊特和艾莉森·福克斯
德克萨斯州，奥斯汀
www.alysonfox.com

艾丽卡·多梅塞
纽约州，纽约
www.psimadethis.com

玛雅·多嫩菲尔德（Maya Donenfield）
纽约州，伊萨卡
www.mayamade.blogspot.com

罗莉·顿芭
威斯康星州，希博伊根
www.finandroe.com

伊丽莎白·登克
瑞典，哥德堡
www.finelittleday.com

基莉·杜罗切
加拿大，安大略省，渥太华
leel-angelsinthearchitecture.blogspot.com

斯科特·恩格勒
加利福尼亚州，旧金山

莱恩和爱莫森
新罕布什尔州，利伊
www.emersonmade.com

琳达·法奇（Linda Facci）
纽约州，伍德斯托克
www.faccidesigns.blogspot.com

德瑞克·法格斯特朗和劳伦·斯密斯
加利福尼亚州，旧金山
www.curiosityshoppeonline.com

克里斯汀·弗莉和保罗·斯帕杜托
纽约市，布鲁克林
www.moonriverchattel.com

琳达·加德纳
澳大利亚，墨尔本
www.empirevintage.com.au

K.C. 和莎拉·吉森
佐治亚州，亚特兰大
www.kcgiessen.com
www.sarahanks.com

露西·艾伦·吉利斯
佐治亚州，阿森斯

卡拉·金瑟
威斯康辛州，麦迪逊
www.karaginther.com

斯科特·哥登伯格
加利福尼亚州，卫尼斯

珍妮芙·高登
纽约州，纽约
www.genevievegorderhome.com

丽比·葛利
田纳西州，诺克斯维尔
www.libbygee.blogspot.com

崔西·格兰森
俄勒冈州，波特兰
www.trishgrantham.com

妮可尔·哈拉蒂娜
德克萨斯州，奥斯汀
www.oh-clementine.com

马可斯·海伊
纽约州，纽约
www.marcushayfluffnstuff.blogspot.com

蒂姆·海尼斯和妮里尔·沃克
澳大利亚，墨尔本
www.neryl.com

塔拉·黑贝尔
伊利诺斯州，芝加哥
www.sprouthome.com

杰西卡·黑格森
俄勒冈州，波特兰
www.jhinteriordesign.com

卢新达·亨利
俄勒冈州，波特兰
www.shaktispacedesigns.com

帕梅拉·希尔和洛易斯·麦肯基
俄勒冈州，波特兰
www.ottobaat.com

米歇尔·辛克丽
亚利桑那州，俄洛谷
www.windhula.blogspot.com

贝弗·海瑟
加拿大，安大略省，多伦多
www.bevhisey.com

丽莉·休伊
华盛顿，西雅图
www.nincomsoup-fancy.blogspot.com

艾莉森·朱利尔斯和路易斯·马拉
纽约州，布里奇汉普顿
www.maison24.com

欧尔嘉·凯达诺夫
科罗拉多州，丹佛
www.olgakayadanov.com

塔玛拉·凯伊·哈尼
加利福尼亚州，洛杉矶
www.houseofhoney.la

查德·凯利
德克萨斯州，奥斯汀
www.baldmanmod.carbonmade.com

克里斯蒂·基尔格
伊利诺斯州，查尔斯顿
www.twitter.com/ckilgore

克拉拉·克莱恩
纽约市，布鲁克林
www.kclara.wordpress.com

奥科和谭素林
新加坡
www.chubbyhubby.net

杰西卡·林奇
华盛顿，阿纳科特斯
www.slowshirts.com

杰森·马丁
加利福尼亚州，洛杉矶
www.jasonmartindesign.com

梅格·马蒂欧·伊拉斯戈
加利福尼亚州，皮诺勒
www.mateoilasco.com

玛雅·玛佐夫
纽约市，布鲁克林
www.legrenierny.com

布莱特·麦克玛
纽约州，纽约
www.brettmccormack.com

卡尔门·麦基·布深
加利福尼亚州，洛杉矶
www.carmenmbushong.com

皮·杰·梅海菲
纽约市，布鲁克林
www.pjmehaffey.com

艾米·梅瑞克
纽约市，布鲁克林
www.emersonmerrick.blogspot.com

琳达和约翰·梅耶
缅因州，波特兰
www.warymeyers.com

雪莉·米勒·勒尔
印第安纳州，卡梅尔
www.fliptstudio.com

南希·米姆斯
德克萨斯州，奥斯汀
www.modgreenpod.com

斯蒂芬妮·莫菲特
澳大利亚，悉尼
www.mokumtextiles.com

海瑟·摩尔
南非，开普敦
www.skinnylaminx.com

金伯利·穆恩
弗吉尼亚州，纽波特纽斯
www.ragehaus.com

欧尔嘉·奈曼
纽约市，布鲁克林
www.aparat.us

卡罗尔·妮莉
法国，里昂
www.basicfrenchonline.com

劳伦·尼尔森
麻萨诸塞州，坎布里奇
www.laurennelson.net

蒂凡妮·米扫·尼尔森
德克萨斯州，圣安东尼奥

戴夫·纽克
加利福尼亚州，洛杉矶

克里斯蒂和卡尔·纽曼
纽约州，伍德斯托克
www.thenewpornographers.com

哈里根·诺里斯
宾夕法尼亚州，费城
www.halligannorris.com

莎伊·阿什利·欧梅茨
德克萨斯州，达拉斯
www.bee-things.com

罗西·奥尼尔
加利福尼亚州，洛杉矶

杰西卡·欧雷克
纽约州，纽约
www.myriapodproductions.com

莱斯利·奥舒曼
荷兰，阿姆斯特丹
www.swarmhome.com

妮科莱特·卡米尔·欧文
纽约市，布鲁克林
www.nicolettecamille.com

韦恩·帕特和瑞贝卡·泰勒
纽约市，布鲁克林
www.goodshapedesign.com
www.rebeccataylor.com

贝蒂娜·佩德森
丹麦，希勒勒
www.ruki-duki.blogspot.com

住宅、项目贡献者

迈克尔·潘尼
加拿大，安大略省，多伦多

丹·佩尔纳和李英金
纽约市，布鲁克林
www.madewell.com
www.jcrew.com

丽贝卡·菲利普
纽约市，布鲁克林

卡洛琳·波汉
英国，伦敦
www.carolinepopham.com

布鲁克·普勒莫
亚拉巴马州，塔斯卡卢萨
www.playinggrownup.etsy.com

凯特·普鲁伊特
加利福尼亚州，奥克兰
www.thisartifact.com

杰瑞米·皮勒斯和玛丽·威尔士
纽约州，贝肯
www.nichemodern.com

萨曼莎·瑞梅耶
德克萨斯州，达拉斯
www.styleswoon.com

吉尔·罗伯森和杰森·舒尔特
加利福尼亚州，旧金山
www.visitoffice.com

莎拉·莱哈嫩
纽约市，布鲁克林
www.saipua.com

诗琳·莎芭
加拿大，温哥华岛
www.shirinsahba.com

莫根·萨特菲尔德
加利福尼亚州，赫迈特
www.the-brick-house.com

杰奎琳和乔治·施密特
纽约市，布鲁克林
www.screechowldesign.com

克尔斯滕·D. 舒尔勒
弗吉尼亚州，里士满
www.hersheyismybaby.etsy.com

米利亚·斯克鲁格斯和纳迪亚·亚龙
纽约市，布鲁克林
www.nightwoodny.com

波尼·夏普
德克萨斯州，达拉斯
www.studiobon.com

尼克·谢玛斯卡和劳伦·齐默曼
马萨诸塞州，波士顿
www.secondcoatdesign.blogspot.com

亚当·西弗曼
加利福尼亚州，洛杉矶
www.atwaterpottery.com
www.heathceramics.com

莫莉·西姆斯
纽约州，纽约

塔尼娅·里森梅·史密斯
俄勒冈州，波特兰
www.treyandlucy.blogspot.com

杰尼弗·古德曼·索尔
田纳西州，那什维尔
www.gensfavorite.com

奥兰多·杜蒙德·索里亚
加利福尼亚州，洛杉矶
www.orlandosoria.com

大卫·斯塔克
纽约市，布鲁克林
www.davidstarkdesign.com

埃里克·腾
纽约州，纽约
www.dmdinsight.com

乔伊·西格彭
佐治亚州，温德
www.joythigpen.com

凯瑟琳·肯尼迪·乌曼
（Kathleen Kennedy Ullman）
华盛顿，西雅图
www.twigandthistle.com

米歇莉·瓦里安
纽约州，纽约
www.michelevarian.com

戴安娜·凡·黑尔弗
德国，慕尼黑
www.ribbonsandcrafts.com

艾丽莎·帕克-沃克和莱恩·沃克
宾夕法尼亚州，费城
www.shophorne.com

布里妮·伍德
纽约州，纽约

克里斯蒂娜·扎莫拉
加利福尼亚州，奥克兰
www.heathceramics.com

泰西·齐默曼
纽约市，布鲁克林
www.sprouthome.com

鸣谢

T正如 Design * Sponge 网站的工作，这本书也是我们整个团队共同完成的作品。我非常有幸能和这么有才华的作者和手艺人团队合作。我衷心地向这些协助者致以谢意：艾米·阿扎里多、安·迪梅尔、凯特·普鲁伊特、劳伦·斯密斯、德瑞克·法格斯特朗、克里斯蒂娜·吉尔（Kristina Gill）、莎拉·莱哈嫩、艾米·梅瑞克、阿什利·因格丽什（Ashley English）、艾丽莎·帕克–沃克、莱恩·沃克、阿勒西娅·哈拉波里斯（Alethea Harampolis）、吉尔·皮洛特（Jill Pilotte）、莉亚·托马斯（Lia Thomas）、斯蒂芬妮·托达罗（Stephanie Todaro）、哈里根·诺里斯、海莉·沃林（Haylie Waring）、布莱特·巴拉（Brett Bara）、金妮·布兰奇·斯特林（Ginny Branch Stelling）、莎拉、艾米和安娜·布莱欣（Blessing）、巴布·布莱尔和尼克·奥尔森。我还要感谢我最爱的面料专家，他们在书中的饰面部分提供了很多帮助：阿曼达·布朗、丽兹·乔伊斯、南希·米姆斯和雪莉·米勒·勒尔。

毋庸置疑，撰写一本书不能和每天在网站上发表短小文章相提并论。很多人欣然加入了我的旅程，一天天地将我们的博客变成了一本美丽的书。我无法描述在这过程中艾米·阿扎里多、斯蒂芬妮·托达罗、凯特·普鲁伊特给我的帮助和支持对我有多重要。我永远不会忘记每当我需要时，她们都会鼓励我，在背后推我一把，为这我会一辈子感激。

十分幸运，我能够和摄影师约翰尼·米勒（Johnny Miller）和设计师莎娜·福斯特（Shana Faust）合作。和约翰尼的合作十分愉快，他拍的照片也十分美丽。没有莎娜的帮助，这本书的封面也不会顺利完成。

亚蒂森出版社对质量的承诺、力求尽善尽美的努力让我深受感动。感谢一直相信这本书并始终出力的人员：安·布兰森（Ann Bramson）、简·德瑞万尼克（Jan Derevjanik）、特伦特·达菲（Trent Duffy）、南希·穆雷（Nancy Murray）、艾米·科丽（Amy Corley）、莉雅·罗嫩（Lia Ronnen）、克里莎·伊（Chrissa Yee）、布丽奇特·海金（Bridget Heiking）、杰罗德·戴尔（Jarrod Dyer）、克奥纳奥娜·D. 彼得森（Keonaona D. Peterson）、凯瑟琳·卡玛格（Katherine Camargo）和贝斯·卡斯帕（Beth Caspar）。另外还要特别感谢我的编辑因格里德·阿布拉莫维奇（Ingrid Abramovitch）。

自从 2007 年网站首次重新设计后，我一直和 ALSO 设计团队的茱莉亚·罗斯曼（Julia Rothman）、珍妮·沃尔沃斯基（Jenny Volvovski）和马特·拉莫特（Matt Lamothe）合作得很愉快。他们是我至今合作过的最有才华和创造力的设计师，看着他们将这本书设计成型是一种享受。他们总是对我的诸如"再少女一些"的要求很耐心，而且正是茱莉亚启发了我，让我把自己的白日梦变成现实中的书。她的建议和支持改变了一切。

尽管我现在住在布鲁克林，我一直心系弗吉尼亚，在那里我明白了家庭的意义，不论发生什么，我的父母都会在那里支持着我。没有话语能够表达我对他们的感谢。他们永远是我最重要的支柱。

最后，在列出这么多名字之后，我不能不提到这个名字——我的丈夫艾伦，他和我一样与"汲取设计"网站朝夕相处。他的远见、建议和支持陪伴着网站走过了最艰难的日子，我无法想象比他更棒的生活伴侣和工作搭档了。

T作者和出版方向以下各位允许二次使用他们的照片致以感谢。

玛蒂娜·阿尔布兰德：第349页

德鲁·阿兰和朱莉安娜·波恩（Julianna Boehm）：第370页

林·阿伦（Rinne Allen）：第156~157页

埃里克·安德森：第262页

杰西卡·安特拉：第82~83页

乔恩和希瑟·阿姆斯特朗：第66~67页

格雷汉姆·阿金斯-休斯：第98~99、146~147页

科琳娜·班克德（Corina Bankhead）：第367页

林肯·巴伯（Lincoln Barbour）：第124~125页

贝拉希（Belathee）：第202页

巴布·布莱尔：第342和345页

格蕾斯·邦妮：第168~169、180和184页

金伯利·布兰特：第216页

科恩·布拉顿：第323页

威廉·布林森：第130~133页

凯伦·布朗：第335页

哈莉·伯顿（Hallie Burton）：第36~37页

来自Ashley Ann Photography公司的阿什莉·坎贝尔：第327页

艾玛·卡西：第150~151页

克里斯汀·基尼斯：第200页

汤姆·辛科（Tom Cinko）和杰瑞米·皮勒斯：第371页

保罗·克兰西：第64~65页

来自Brand Arts公司和Lonny杂志的帕特里克·克莱恩（Patrick Cline）：第20~21、23~25、222和264页

贝斯·柯勒曼：第322页

艾莉西亚·康维尔：第357页

夏农·克劳福德：第186页

托德·克劳福德（Todd Crawford）和卡特里娜·威坎普（Katrina Wittkamp）：第102~103页

杰弗瑞·克洛斯（Jeffery Cross）：第355和365页

凯西·戴乌：第138~139页

茱莉·道斯特：第90~91页

罗莉·顿芭：第338页

伊丽莎白·登克：第96~97页

基里·杜罗切：第351页

阿曼达·埃尔默（Amanda Elmore）：第122~123页

Emersonmade商店：第86~89页

德瑞克·法格斯特朗和劳伦·斯密斯：第174、177、179、181、182、194、196、198、204、208、214、224、226、228、230、232、236、238、240、242、252、254、256、258、260和268页

菲利普·菲克斯（Philip Ficks）：第34~35页

尤里黛丝·加尔卡（Eurydice Galka）：第361页

K.C·吉森：第324页

艾米丽·吉尔伯特（Emily Gilbert）：第142~145页

卡拉·金瑟：第359页

特里·格兰格（Terri Glanger）：第54~55页

斯科特·哥登伯格：第358页

多娜·格里菲斯（Donna Griffith）：第68~71页

约翰·格伦（John Gruen）：第363页

Gustavo Campos Photography公司：第94~95页

妮可尔·哈拉蒂娜：第334页

米歇尔·辛克丽：第326和329页

托伊·豪斯（Troy House）：第148~149页

马尔文·伊拉斯戈（Marvin Ilasco）：第164~165页

迪特·伊萨格（Ditte Isager）和塔拉·多恩（Tara Donne）：第28~29页

蒂姆·詹姆斯（Tim James）：第50~51页

金·杰弗里（Kim Jeffery）：第108~111、126~127页

劳丽·朱丽耶特（Laure Joliet）：第162~163页

梅丽莎·卡斯曼（Melissa Kaseman）：第92~93页

迪恩·考夫曼（Dean Kaufman）：第32~33页

欧尔嘉·凯达诺夫：第366页

克里斯蒂·基尔格：第352页

克拉拉·克莱恩：第218页

奥科·158~159页

萨布拉·克罗克（Sabra Krock）：第292~293、297~317页

迈克尔·兰兹（Michael Lantz）和丽比·葛利：第347页

杰西卡·林奇：第356页

Maison 24公司：第360页

杰森·马丁：第339页

布莱特·麦克玛：第354页

卡尔门·麦基·布深：第328页

詹姆斯·梅瑞尔（James Merell）：第56~59页

艾米·梅瑞克：第190、192和244页

约翰·梅耶：第100~101页

乔·米勒：第336页

约翰尼·米勒：第2~7、22、26~27、46~49、60~63、78~79、106~107、134~135、152~153、210、270、340、343和369页

约翰尼·米勒和格蕾斯·邦妮：第104~105页

梅丽·路·曼娜（Merry Lu Miner）和查德·凯利：第346页

西斯·摩尔（Heather Moore）：第80~81页

金伯利·穆恩：第212页

劳伦·尼尔森：第325页

蒂凡妮·米扫·尼尔森：第364页

斯特西·纽真特（Stacy Newgent）：第136~137页

Nightwood工作室：第348页

哈里根·诺里斯：第250页

克里夫·诺顿（Cliff Norton）：第166~167页

莎伊·阿什利·欧梅茨：第170~171页

艾丽莎·帕克-沃克：第72~73页

迈克尔·鲍罗斯（Michael Paulus）：第120~121页

贝蒂娜·佩德森（Bettina Pedersen）：第188页

特克·贝塔哈（Tec Petaja）：第42~45页

丽贝卡·菲利普：第84~85页

理查德·鲍尔斯（Richard Powers）：第18~19页

布鲁克·普勒莫：第333页

布兰妮·普洛特（Bronwyn Proctor）：第331页

凯特·普鲁伊特：第201、220、234和266页

吉恩·郎大佐（Jean Randazzo）：第8~9、154~155页

杰斯·罗伯兹（Jess Roberts）：第112~115页

曼妮·罗德里格斯（Manny Rodriguez）：第160~161页

黑克特·M.桑切斯（Hector M. Sanchez）：第12~15页

克尔斯滕·D.舒尔勒：第206页

杰森·舒尔特：第38~41页

尼克·斯玛斯卡：第353页

Shakti Space Designs工作室：第344页

艾伦·西弗曼（Ellen Silverman）：第16~17页

塔尼娅·里森梅·史密斯：第330页

奥兰多·杜森德·索尔亚：第337页

Sprout Home花店：第246页

德雷克·斯华威尔（Derek Swalwell）：第52~53页

皮特·塔伯（Pete Tabor）：第74~77页

埃里克·腾：第350页

乔伊·西格彭：第128~129页

莱斯利·温鲁（Lesley Unruh）：第10~11页

皮拉尔·瓦尔提耶拉：第368页

沃特·凡·德·托尔（Wouter van der Tol）：第140~141页

戴安娜·凡·黑尔弗：第341页

妮里尔·沃克和托尼·奥扎瑞克（Tony Owczarek）：第362页

马修·威廉姆斯（Matthew Williams）：第30~31、114~119页

Wondertime Photography公司：第332页

图书在版编目（CIP）数据

巧手装扮我家：时尚家居设计的创意小技巧/（美）邦妮 著；陆君使 译.—上海：上海人民美术出版社，2014.8
书名原文：Design sponge at home

ISBN 978-7-5322-9092-5

Ⅰ.①巧... Ⅱ.①邦... ②陆... Ⅲ.①住宅—室内装饰设计
Ⅳ.①TU241

中国版本图书馆CIP数据核字（2014）第155909号

Design * Sponge At Home
by Grace Bonney
Foreword by Jonathan Adler
Copyright: © 2011 by Grace Bonney.
This edition arranged with Artisan Books, a division of
Workman Publishing Co., through Big Apple Agency, Inc.,
Labuan,Malaysia.
Simplified Chinese edition copyright:
2014 Shanghai People's Fine Arts Publishing House.
All rights reserved.

Right manager: Ruby Ji
本书由上海人民美术出版社独家出版
版权所有，侵权必究。
合同登记号：图字：09 2012-584号

巧手装扮我家
——时尚家居设计的创意小技巧

著　　者：[美]格蕾斯·邦妮
译　　者：陆君使
策　　划：姚宏翔
责任编辑：姚宏翔
统　　筹：丁　雯
特约编辑：孙飘丝
封面设计：刘潇然
技术编辑：朱跃良
出版发行：**上海人民美術出版社**
　　　　　（上海市长乐路672弄33号　邮编：200040）
印　　刷：上海丽佳制版印刷有限公司
开　　本：700×910　1/12　印张 33
版　　次：2014年8月第1版
印　　次：2014年8月第1次
书　　号：ISBN 978-7-5322-9092-5
定　　价：128.00元